安全工程
理论与方法

金龙哲　汪　澍　编著

化学工业出版社

·北京·

安全生产是促进社会和经济持续健康发展的基本条件，是社会文明与进步的重要标志。安全工程方法与对策的进步需要安全工程理论作为基础，高速发展的科技和社会经济对安全专业人才的培养提出了新的挑战和更高要求。

本书基于编者多年的教学、科研经验，全面、系统地介绍了安全工程基本术语与理论、系统安全评价、系统安全预测与决策、系统安全设计与安全人机工程理论、安全心理与安全生产、安全经济与安全投入等理论与方法。

全书内容丰富、结构完整、重点突出，具有一定的深度和广度，参考价值较高。本书可供政府安全监管部门的工作人员、企业安全管理人员、安全工程师阅读和参考，也可作为安全培训以及安全工程专业在校师生的教学参考书或教材使用。

图书在版编目（CIP）数据

安全工程理论与方法/金龙哲，汪澍编著. —北京：
化学工业出版社，2017.11
ISBN 978-7-122-30692-0

Ⅰ.①安… Ⅱ.①金…②汪… Ⅲ.①安全工程
Ⅳ.①X93

中国版本图书馆 CIP 数据核字（2017）第 238587 号

责任编辑：朱　彤　　　　　　　　　　　文字编辑：王　琪
责任校对：宋　夏　　　　　　　　　　　装帧设计：刘丽华

出版发行：化学工业出版社（北京市东城区青年湖南街 13 号　邮政编码 100011）
印　　刷：三河市航远印刷有限公司
装　　订：三河市瞰发装订厂
787mm×1092mm　1/16　印张 10½　字数 265 千字　　2019 年 1 月北京第 1 版第 1 次印刷

购书咨询：010-64518888　　　售后服务：010-64518899
网　　址：http://www.cip.com.cn
凡购买本书，如有缺损质量问题，本社销售中心负责调换。

定　　价：49.00 元

前言

安全问题存在于生产、生活的各个领域，并随着人类社会的发展不断更新演化。人类文明和科技高度发展的今天，所面临的安全问题更加复杂。安全科学的研究，旨在揭示安全的客观规律，提供学科理论、应用理论和专业理论，保障人的生命和健康，避免设备、财产等的损害。近10年来，安全科学与工程学科得到了国家、产业部门和全社会的高度重视，尤其是2011年安全科学与工程（0837）新增为研究生教育一级学科，确立了安全科学在学科领域和科学界的重要位置，为安全科学的长足健康发展提供了有力保障。

作为典型的交叉综合学科，安全科学与工程学科的研究对象和范畴涉及理、工、文、管、法、医、政治、经济、教育等多个领域，目前已发展形成了灾害物理学、灾害化学、灾害医学、灾害学、安全系统学、安全心理学、安全人机学、安全经济学、安全管理学、安全教育学、安全工程技术、职业卫生工程、安全信息工程、安全检测与监控技术、工业灾害控制、安全法学、安全逻辑学等研究分支。

为打好学生安全科学理论基础，形成较为系统的安全思维和方法论，更好地适应社会发展需要，编者结合近年来的教学科研经验编写了本书，内容包含系统安全、事故致因、安全评价、安全预测与决策、安全人机、安全心理、安全经济等方面的基础理论，具有一定的深度和广度。本书可作为高等院校安全工程类本科或研究生教学专业教材，也可作为不同行业安全技术和安全管理从业人员学习和参考用书。

本书由北京科技大学金龙哲、汪澍编著，国家安全生产专家何学秋教授主审。全书共6章，刘建、欧盛南、张甜、高娜参与了部分章节的编写。此外，孙振超、申义德、卢尧、李玉丹、何生全、宋重阳、王可伟、马韵彤、朱洪民、王洋、李雅阁、牛小萌等人参与了本书的资料整理和搜集工作。

本书在编写过程中参阅了大量安全科学理论著作和研究文献，在此对所引用的参考资料的原作者一并表示感谢。

　　由于作者学术水平和经验等方面的局限，书中不足之处在所难免，恳请读者批评指正！

编著者

2018 年 6 月

第5章 安全心理学与安全生产 124

第6章 安全经济与安全投入 140

第1章
安全工程基本术语与理论

1.1 基本术语

1.1.1 安全与事故

1.1.1.1 安全

"安全"是人们最常用的词汇，从汉语字面上看，"安"是指"无危则安"，不接受威胁，没有危险等；"全"是指"无损则全"，完整、完满、齐备或指没有伤害、无残缺、无损坏、无损失等。显然，"安全"通常是指人和物在社会生产、生活实践中没有或不受或免除了侵害、损坏和威胁的状况。

（1）定义 1　安全泛指没有危险、不受威胁和不出事故的状态。

（2）定义 2　安全是指没有危险、不受威胁、不出事故，即消除能导致人员伤害，发生疾病、死亡，或造成设备、财产破坏、损失，以及危害环境的条件。

（3）定义 3　安全是指导致损伤的危险程度在容许的水平，受损害的程度在容许的水平，受损害的程度和损害概率较低的通用术语。

（4）定义 4　安全是指消除能导致人员伤害、疾病或死亡，或引起设备、财产或经济破坏和损失，或危险环境的条件。"无危则安，无损则全"是安全的定性内涵。安全的定量表达则用"安全性"或"安全度"来反映，其数值表达为 $0 \leqslant S \leqslant 1$。

（5）定义 5　安全是指免除了不可接受的损害风险的状态。

安全的本质是反映人、物以及人与物的关系，并使其实现协调运转。安全是事物遵循客观规律运动的表现形式、状态，是人按客观规律要求办事的结果；事故、灾害则是事物异常运动经过量变积累而发生质变的表现形式，是人违背客观规律或不掌握客观规律而受到惩罚、付出的代价。人们通过改变、防止事物异常运动的努力可以控制、预防事故或灾害的发生，使事物按客观规律运动，从而保证安全。然而，由于人类对危险的认识与控制受到许多社会、自然或自身条件的限制，所以，安全是一个相对的概念，其内涵和标准随着人类社会发展而变化。在不同的时代，人类面临的安全问题是不一样的，安全的内涵不断演变。在人类社会的不同历史发展阶段，人类对安全内涵的理解和安全标准存在很大差异。总之，安全是一个相对的概念，是认识主体的某一限度内受到损伤和威胁的状态。

1.1.1.2　事故

在人们的生产或生活过程中，总会发生某些不期望、无意、造成人的生命丧失、生理伤害、健康危害、财产损失或其他损害和损失的意外事件，这就是事故。研究安全科学的最终目标就是要控制事故风险、消除事故事件，因此，需要认识事故的概念。

（1）定义1　事故是指造成死亡、疾病、伤害、损坏或其他损失的意外情况。

（2）定义2　事故是指个人或集体在为实现某一目的而进行活动的过程中，由于突然发生了与人意志相反的情况，迫使原来的行为暂时或永久地停止下来的事件。

（3）定义3　事故是指以人体为主，在与能量系统有关的系列上，突然发生的与人的希望和意志相反的事件。事故也可以定义为个人或集体在时间的进程中，为了实现某一意图而采取行动的过程中，突然发生了与人的意志相反的情况，迫使这种行动暂时或永久地停止的事件。

（4）定义4　广义上的事故是指可能会带来损失或损伤的一切意外事件，在生活的各个方面都可能发生事故。狭义上的事故是指在工程建设、工业生产、交通运输等社会经济活动中发生的可能带来物质损失和人身伤害的意外事件。

（5）定义5　事故是指个人或集体在时间进程中，为实现某一意图而采取行动的过程中，突然发生了与人的意志相反的情况，迫使这种行动暂时或永久地停止的事件。事故是以人体为主，在与能量系统关联中突然发生的与人的希望和意志相反的事件。事故是意外的变故或灾祸。

通常，我们把"事故"定义为造成死亡、疾病、伤害、损坏或其他损失的意外情况。事故的损坏作用主要表现在三个方面：对人的生命与健康造成损害；对社会、企业、家庭的财产造成损失；对环境造成损坏。后果非常轻微或未导致不期望后果的"事故"称为"险肇事故"或"未遂事故"。认真分析，查找原因，采取切实有力的措施将存在的薄弱环节予以消除或进行监控，防止事故发生。

1.1.2　危险与风险

1.1.2.1　危险（hazard）

危险和事故在逻辑上有一定关联，都会导致人员伤亡或疾病，或导致系统、设备、社会财富损失、损坏或环境破坏，但是危险并不等于事故，它是导致事故的潜在条件，危险是事故的前兆，只有在一些触发事件刺激下，危险才可能演变成事故。危险在一定的条件下可以转变成为事故，危险与事故在逻辑上具有因果关系。

（1）定义1　危险是指有遭到不幸或造成灾难的可能不安全。

（2）定义2　危险是指具有威胁性的事件或在给定时间和地区范围内潜在的破坏性现象发生的概率。

（3）定义3　危险（dangers）并非指已造成实际的损害，而是指极有可能造成损害，是对受害人人身和财产很可能会造成损害的一种威胁。

（4）定义4　危险是指未来灾害损失的不确定性。包括发生与否，发生的时间、后果与影响的不确定性。

安全和危险在所要研究的系统中是一对矛盾，它们相伴存在。安全是相对的，危险是绝对的。危险的绝对性表现在，事物一诞生，危险就存在。中间过程中危险势可能变大或变小，但不会消失，危险存在于一切系统的任何时间和空间中。不论我们的认识多么深刻，技术多么先进，设施多么完善，危险始终不会消失，人、机和环境综合功能的残缺始终存在。

安全和危险是一对矛盾的统一体。一方面，双方互相反对，互相排斥，互相否定，安全度越高，危险势就越小，安全度越低，危险势就越大；另一方面，安全与危险两者互相依存，共同处于一个统一体中，存在向对方转化的趋势。安全与危险的矛盾转化过程具有阶段性，具有从量变到质变的属性，质变的结果表现为危险导致事故发生或安全的状态得以无限延长。安全与危险这对矛盾在不同时期有各自不同的特殊性，这就使安全的发展呈现过程性和阶段性。

1. 1. 2. 2　风险（risk）

谈及风险，人们可能更多地将这个概念与金融、财务联系在一起，生产安全领域风险的概念与它们是一致的，风险是指某危害性事件发生的可能性（probability）与其引起的伤害的严重程度（severity）的结合。它体现的是由于生产过程中的不安全而产生的事故对企业造成的损失，又称为事故风险（mishap risk）。按风险来源，风险可分为自然风险、社会风险、经济风险、技术风险和健康风险五类。

（1）定义 1　风险是指目标的不确定性产生的结果。

注 1：这个结果是与预期的偏差——积极或消极。

注 2：目标可以有不同方面（如财务、健康和安全，以及环境目标），可以体现在不同的层面（如战略、组织范围、项目、产品和流程）。

注 3：风险通常被描述为潜在事件和后果，或它们的组合。

注 4：风险往往表达了对事件后果（包括环境的变化）与其可能性概率的联合。

（2）定义 2　风险是指对于给定地区及指定时间段，由特定危险而造成的预期（生命丧失、人员受伤、财产损失和经济活动中断）损失。按数学计算，风险是特定灾害的危险概率与易损性的乘积。

（3）定义 3　风险是指可能发生的危险。

（4）定义 4　事故风险（accident risk）从定性上说，是指某系统内现存或潜在的可能导致事故的状态，在一定条件下，它可以发展成为事故。从定量上说，事故风险是指由危险转化为事故的可能性，常以概率表示。事故风险通常被用来描述未来事件可能造成的损失，也就是说它总涉及不可靠性和不能肯定的事件。

（5）定义 5　风险是指发生某种不利事件或损失的各种可能情况的总和。

通常人们用 $R = S \times P$ 来表示风险，其中，R 表示风险，S 表示损失，P 表示发生概率。

风险的概念表明，风险是由两个因素确定的，既要考虑后果，又要考虑其发生概率。例如，乘坐交通工具有出现交通事故的可能，因而说乘坐交通工具有危险，但是乘坐飞机和乘坐汽车哪一个风险更小呢？需要从风险两个维度综合比较。由此也说明，风险虽有大小、高低之分，但任何时候风险都不可能为零，因而风险具有绝对性。

生产活动是动态变化的，因此安全状态也是动态变化的，即昨天的安全可能变为今天的危险，今天的危险也可能转化为明天的安全，因此要适时进行风险评价。通过风险评价，对存在的较高风险要从降低可能性和减轻严重度两方面进行风险管理活动，要减轻严重度就需要针对危险源采取措施，如限制危险物质的储量、存量，减小管道尺寸、压力，为危险源设置多重防护层等。要降低可能性，就需要针对隐患采取措施，提高不安全状态的检测、监测能力，加强安全管理，提高人员技术素质，建设优良安全文化等。应急救援后也要及时进行风险评价，吸取经验教训，改进日常安全管理，提高应急救援能力。

1. 1. 3　安全系统

安全系统是由人员、物质、环境、信息等要素构成的，达到特定安全标准和可接受风险度水平的，具有全面、综合安全功能的有机整体。安全系统要素相互联系、相互作用、相互制约，具有线性或非线性的复杂关系。其中，人员涉及生理、心理、行为等自然属性，以及意识、态度、文化等社会属性；物质包括机器、工具、设备、设施等方面；环境包括自然环境、人工环境、人际环境等；信息包含法规、标准、制度、管理等因素。

显然，安全系统是实现系统安全、功能安全的基础和条件。根据安全系统的线性及非线性特性，涉及七个子系统，即人子系统、机器子系统、环境子系统、人-机子系统、人-环境子系统、机-环境子系统、人-机-环境子系统。上述七个子系统是安全科学研究的基本对象。换言之，安全科学就是揭示上述七个子系统的安全规律、安全特性、安全理论、安全方法的科学，以实现系统或技术的安全功能和安全目标。

可以说，安全科学技术学科的任务就是为了实现安全系统的优化和安全水平的最大化，特别是安全信息和管理，更是控制人、机、环境三要素，以及协调人-机、人-环境、人-机-环境关系的基础和载体。

一个重要的认识是，不仅要从安全系统的单个要素出发，研究和分析系统的要素，如安全教育、安全行为科学研究，以及分析人的要素，安全技术、职业健康研究等物的要素，更有意义的是，要从整体出发研究安全系统的结构、关系和运行过程等，系统安全工程、安全人机工程、安全科学管理等则能实现这一要求和目标。

安全系统以安全为主体，系统为客体；系统安全以系统为主体，安全为客体。安全系统的实质是安全技术；系统安全的实质是技术安全。安全系统的具体化，表现为安全功能（safe function），如安全电气、安全交通、安全化工、安全矿山、安全建筑、安全工程等；系统安全的具体化，表现为功能安全（functional safety），如电气安全、交通安全、化工安全、矿山安全、建筑安全、工程安全等。安全科学研究的主体是安全系统，技术科学研究的主体是系统安全。针对一个技术系统或生产系统，系统安全是目的，安全系统是手段，安全系统与系统安全之间存在必然和复杂的联系，具有互为依存的辩证关系。在一个具体的行业或企业中，安全工程师要解决安全系统问题，技术工程师担当解决系统安全问题，分工合作，以达到共同目标。因此，提出了安全"人人有责"的概念，需要建立全面的"安全责任体系"，共为安全，共享安全。

安全系统要求建立安全系统工程学科，其研究范畴包括系统安全辨识、系统安全分析、系统安全控制、系统安全评价、系统安全可靠性、系统安全决策和优化、安全信息系统和数据库、安全系统的仿真等。安全系统工程的任务是：从全局的观点出发，充分考虑有关制约因素，在系统开发、建设、运营各阶段，运用科学原理、工程技术及有关准则，识别潜在危险及事故发生发展规律；研究安全系统的动态变化和有关因素的依存关系，提出消除、控制危险（包括安全工程设施、管理、教育训练等综合措施）的最佳方案。

安全系统要求建立安全系统工程学科，其任务是运用系统科学的理论和定量与定性的方法，对安全保障系统进行预先分析研究、策划规划、方案设计、制度管理、工程实施等，使各个安全子系统和保障条件综合集成为一个协调的整体，以实现安全系统功能与安全保障体系最优化的工程技术。安全系统工程是安全工程方面应用的系统工程，是安全科学、安全工程技术、现代安全管理、计算机和网络信息等技术密切结合的体现，广泛用于各级政府安全监管、各类组织的公共安全管理、各行业的安全生产管理、各种工矿企业的安全保障体系建设等领域。

安全系统工程作为一门综合性的管理工程技术，除以系统论、控制论、信息论、突变论、协同论作为理论基础外，还涉及应用数学（如最优化方法、概率论、网络理论等）、系统分析技术（如可行性分析技术、人机工程、系统模拟、系统仿真、信息技术等），以及管理学、行为学、心理学等多种学科。

1.1.4 安全技术

1.1.4.1 概念

技术是指根据生产实践经验和自然科学原理而发展成的各种工艺操作方法与技能，是解决人类所面对的生产、生活问题的方式、方法、手段。那么对于安全技术这个概念，不同的资料有不同的说法。

（1）定义 1　安全技术是指为保证职工在生产过程中的人身和设备安全，形成良好的劳动条件与工作环境所采用的技术。由于行业、工种及作业环境、劳动条件的不同，安全技术的内容是很广泛的，例如防护、保险、检修、通风、除尘、降温、防火、防爆、防毒等技术。

（2）定义 2　安全技术是指在人们从事生产的过程中，为预防和消除人身和设备事故，保障生产者及其他人员安全的技术措施。

（3）定义 3　安全技术是指为防止有害生产因素对操作人员造成危害而建立的技术措施、设置、系统和组织措施。它针对生产中的不安全因素，采用控制措施，以预防伤亡事故的发生。

（4）定义 4　安全技术是指在生产过程中，为防止各种伤害，以及火灾、爆炸等事故，并为职工提供安全、良好的劳动条件而采取的各种技术措施。

（5）定义 5　安全技术是指在生产过程中，为防止和消除伤亡事故，保障职工安全，企业根据生产的特点和各个生产环节的需要而采取的各种技术措施。采取安全技术的目的，在于消除生产环境、机器设备、工艺过程、劳动组织和操作方法等方面的不安全因素，以避免发生人身或设备事故，保证企业生产的正常进行。

安全技术的任务有：分析造成各种事故的原因；研究防止各种事故的办法；提高设备的安全性；研讨新技术、新工艺、新设备的安全措施。各种安全技术措施，都是根据变危险作业为安全作业、变笨重劳动为轻便劳动、变手工操作为机械操作的原则，通过改进安全设备、作业环境或操作方法，达到安全生产的目的。

1.1.4.2 措施

安全技术措施的内容很多，例如，机器设备的传动部分或工作部分装设安全防护装置，升降、起重机械和锅炉、压力容器等装设保险装置和信号装置，电气设备安装防护性接地和防止触电的设备，为减轻繁重劳动或危险操作而采取的辅助性机械设施，为防止坠落而设置的防护装置等。安全装置的作用，在于一旦出现操作失误时，仍能保证劳动者的安全。

安全技术措施必须针对危险因素或不安全状态，以控制危险因素的生成与发展为重点，以控制效果作为评价安全技术措施的唯一标准。其具体标准有如下几个方面。

（1）防止人失误的能力　是否能有效地防止工艺过程、操作过程中导致产生严重后果的人失误。

（2）控制人失误后果的能力　出现人失误或险情，也不致发生危险。

（3）防止故障或失误的传递能力　如果发生故障、出现失误，能够防止引起其他故障和失误，避免故障或失误的扩大与恶化。

（4）故障、失误后导致事故的难易程度　至少有两次相互独立的失误、故障同时发生，才能引发事故的保证能力。

（5）承受能量释放的能力　对偶然、超常的能量释放，有足够的承受能力，或具有能量的再释放能力。

（6）防止能量积蓄的能力 采用限量积蓄和溢放，随时卸掉多余能量，防止能量释放造成伤害。

在当代，由于工业的迅猛发展，在安全技术上，安全系统工程、人机工程等在许多国家中已得到了迅速发展，事故预测和事故控制技术也得到了广泛的应用。

1.1.5 安全工程

从学科的角度来看，安全工程是跨门类、多学科的综合性技术科学；从技术角度来看，安全工程主要包括安全防护技术、事故预测预警技术、事故控制技术、安全检测检验技术、应急救援技术；从管理工程的角度来看，安全工程包括职业安全管理工程、职业健康管理工程等。

安全工程是个不断发展的学科，因而，当前还没有一致、公认的定义。

《注册安全工程师》手册中给了"安全工程"如下解释："安全工程是对各种安全工程技术和方法的高度概括与提炼，是防御各种灾害和事故过程中所采用的、以保证人的身心健康和生命安全以及减少物质财富损失为目的的安全技术理论及专业技术手段的综合学问。在安全学科技术体系结构中，安全工程是包括消防工程、爆炸安全工程、安全设备工程、安全电气工程、安全检测与监控技术、部门安全工程及其他学科在内的安全科学的技术科学学科体系。工程的研究范围遍及生产领域（安全生产及劳动保护方面）、生活领域（交通安全、消防安全与家庭安全等）和生存领域（工业污染控制与治理、灾变的控制和预防）。它的研究对象是研究上述领域普遍存在的不安全因素，通过研究与分析，找出其内在联系和规律，探寻防止灾害和事故的有效措施，以求控制事故、保证安全之目的。安全工程学需要对人、物以及人与物关系进行与'安全'相关的分析与研究，最终形成安全工程设计、施工、安全生产运行控制、安全检测检验、灾害与事故调查分析与预测预警、安全评估、认证等的技术理论及其实施方法的工程技术体系。安全工程应用领域包括火灾与爆炸灾害控制、设备安全、电气安全、锅炉压力容器安全、起重与搬运安全、机电安全、交通安全、矿山安全、建筑安全、化工安全、冶金安全等部门安全工程技术。"

在《安全科学技术问典》中曾提到："安全工程是指为保证生产过程中人身与设备安全的工程系列的总称。安全工程是跨门类、多学科的综合性技术科学。主要包括伤亡事故预防预测技术、安全检测检验技术、应急救援技术、安全管理工程，以及特殊环境中应用高技术解决安全问题等。"

"安全工程"在《保险大辞典》中被定义为："安全工程指对人、材料、设备与环境等整个系统的安全性加以分析、研究、改进、协调和评价，使人和财产得到最安全保护的评价与论证活动。"

在《系统安全工程能力成熟度模型（SS-CMM）及其应用》中提出安全工程要达到以下一些目标。

（1）获取与一个企业相关的安全风险的理解。

（2）建立一套与已标识的安全风险相平衡的安全需求。

（3）将安全需求转变为安全指导，并将安全指导集成到一个项目所使用的其他学科行为中，以及一个系统配置或操作的描述中。

（4）建立对安全机制的正确性和有效性的信心或信任度。

（5）确定因一个系统所残留的安全弱点而导致的操作影响或者操作是可以接受的（可接受的风险）。

（6）集成所有工程学科和专业的成果，从而形成对一个系统可信赖度的综合认识。

1.1.5.1　构成安全整体的组成部分

（1）人　安全人体是安全的主题和核心，是研究一切安全问题的出发点和归宿。人既是保护对象，又可能是保障条件或者危害因素，没有人的存在就不存在安全问题。

（2）物　安全物质可能是安全的保障条件，也可能是危害的根源。能够保障或危害人的物质存在的领域很广泛，形式也很复杂。

（3）人与物的关系　包括人与人以及人与物，安全人与物的关系，广义上讲是人安全与否的判据，既包括人与物的存在空间和时间，又包括能量与信息的相互联系。因此，把"安全人与物"的时间、空间与能量的联系称为"安全社会"；"安全人与物"的信息与能量的联系称为"安全系统"。

"安全三要素"即是指安全人体、安全物质、安全人与物，将安全人与物分为安全社会和安全系统（后称"四因素"）。

1.1.5.2　安全科学学科体系的层次

根据"安全四因素"的不同属性、作用机制（即理论与实践的认知关系）可进行纵横向分类。安全科学学科体系模型见表 1-1。

表 1-1　安全科学学科体系模型

哲学	基础科学		工程理论		工程技术	
马克思主义哲学	安全观　安全学	安全物质学（物质科学类）	安全工程学	安全设备工程学	安全设备机械工程学 安全设备卫生工程学	安全设备工程	安全设备机械工程 安全设备卫生工程
		安全社会学（社会科学类）		安全社会工程学	安全管理工程学 安全经济工程学 安全教育工程学 安全法学 ……	安全社会工程	安全管理工程 安全经济工程 安全教育工程 安全法规 ……
		安全系统学（系统科学类）		安全系统工程学	安全运筹技术论 安全信息技术论 安全控制技术论	安全系统工程	安全运筹技术 安全信息技术 安全控制技术
		安全人体学（人体科学类）		安全人体工程学	安全生理学 安全心理学 安全人机工程学	安全人体工程	安全生理工程 安全心理工程 安全人机工程

（1）纵向学科分类　安全科学学科体系的纵向分类是以安全工作的专业技术类别为依据进行划分，分为安全物质学、安全社会学、安全系统学、安全人体学四个分支学科。

① 安全物质学。自然科学性的安全物质因素。

② 安全社会学。社会科学性的安全因素。

③ 安全系统学。系统科学性的安全信息与能量的整体联系因素。

④ 安全人体学。人体科学性的安全生理及心理等因素。

（2）横向学科分类　这是另一种分类方法，根据理论与实践的双向作用原理，完成工程技术→工程理论→基础科学→哲学理论的升华，可分为四个层次。

① 工程技术层次——安全工程技术。安全工程技术是解决安全保障条件，把握人的安全状态，直接为实现安全服务。按服务对象不同，又可分为：安全设备机械工程和安全设备卫生工程技术；专业安全工程技术；行业综合应用安全工程技术。

②工程理论层次——安全工程学。安全工程学作为获取和掌握安全工程技术的理论依据，由安全设备工程学、安全社会工程学、安全系统工程学、安全人体工程学四类分支学科构成。

根据组成安全因素的不同属性和作用机制，又分为四组：按照设备因素对人的身心危害作用方式的不同,可分为安全设备工程学组(安全设备机械工程学、安全设备卫生工程学);按照调节安全人与人、人与物及物与物联系的不同原理,可分为安全社会工程学组(安全管理工程学、安全教育工程学、安全法学、安全经济工程学等);按照安全系统内各因素作用或功能的不同,可分为安全系统工程学组(安全信息技术论、安全运筹技术论、安全控制技术论);按照外界危害因素对人的身心内在作用机制影响的不同,人机联系方式的不同,可分为安全人体工程学组(安全生理学、安全心理学、安全人机工程学)。

③ 基础科学层次——安全学。安全学作为获取和掌握安全工程学的基础理论,根据四因素可构成四个理论层次:安全物质学(安全灾变物理学和灾变化学);安全社会学;安全系统学(安全灾变理论和连接作用学);安全人体学(安全毒理学)。

④ 哲学层次——安全观。安全观是把握安全的本质及其科学的思想方法,是安全的最高理论概括,也是安全思想的方法论和认识论。

1.1.5.3 安全科学的学科分类

由中华人民共和国国家质量监督检验检疫总局和中国国家标准化管理委员会联合发布的《学科分类与代码》(GB/T 13745—2009),将"安全科学与技术(620)"列为一级学科,由 10 个二级学科和 43 个三级学科组成,如图 1-1 所示。其中安全法学(8203080)、通风与空调工程(5605520)、辐射防护技术(49075)所属的一级学科分别为法学、土木建筑工程、核科学技术。

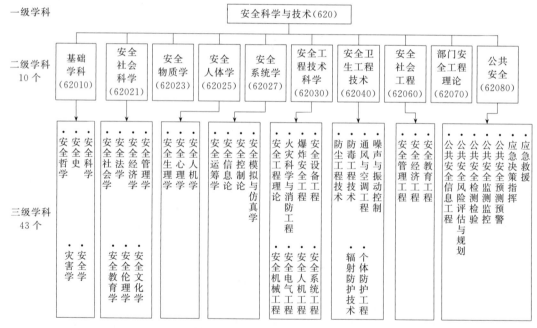

图 1-1 安全科学的学科分类

1.1.5.4 安全学科的综合特性

在安全学科研究中,首先要认识安全学科的属性。安全学科是新兴的综合科学学科,它在国家标准《学科分类与代码》中的一级学科名称是"安全科学与技术"(代码620),其应用涉及社会文化、公共管理、行政管理、建筑、土木、矿业、交通、运输、机电、林业、食品、生物、农业、医药、能源、航空等种种行业乃至人类生产、生活和生存的各个领域(图1-2)。早在1994年中国科学技术协会组织召开的全国"学科发展与科技进步研讨会"上,朱光亚院士的书面发言就指出:"长期以来,我国在安全科学技术学科中的学科、专业名称提法没有统一。中国劳动保护科学技术学会从筹备成立开始，并在 1983 年 9 月正式成立以后，始终围绕学科、专业框架体系的建立，倡导百家争鸣，发扬学术民主，打破行政部门容易产生的分割束缚，使学科理论不断发展，终于在 1993 年 7 月 1 日开始实施的国家标准《学科分类与代码》中，实现以'安全科学与技术'为名列为该标准的一级学科（代码 620），为在学科分类中打破自然科学与社会科学界线，设置'环境、安全、管理'综合学科，从而在世界科学学科分类史上取得突破，做出了贡献。"安全科学是以特定的角度和着眼点来改造客观世界的学科，是在改造客观世界的过程中对客观世界及其规律性的揭示和再认识的知识总结。就科学的学科性质而言，安全学科既不能归属于自然

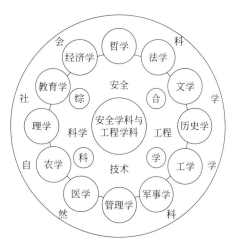

图 1-2 安全学科的综合特性

学科，也不能归属于社会科学学科；既不属于纵向科学学科，又不属于横向科学学科，而是属于综合科学。在安全的应用科学学科范畴中，安全学科与其存在领域的学科交叉，产生了交叉科学学科，即安全应用学科。安全学科因无本身的专属领域，必须从学科的本质属性（即基本特征）上证明其不可替代性。

1.1.5.5 安全学科与其他学科的关系

安全学科为综合性学科，并不是说安全学科包括了其他所有学科。安全学科与其他学科的关系可用图 1-3 表示。在图 1-3 中，安全学科的领域用左边的椭圆表示，其他某一学科的领域用右边的椭圆表示，两个椭圆之间存在交叉区域，这形象地表征了安全学科与其他学科的交叉特性，而且安全学科的外延安全技术及工程（安全应用学科）与其他学科没有明确的界线，这也说明安全学科的外延具有模糊性。安全科学是安全学科独有的部分，是安全学科的根基，具有原创性和理论性，没有安全科学，就没有安全学科存在的必要；安全学科为安全技术及工程提供理论支持，具有科学价值。安全技术及工程是安全学科的应用和实践部分，在解决实际安全问题、预防事故发生、减少事故损失等方面发挥直接的作用，具有直接的经济效益，是安全学科实际作用的重要体现。同时，在实践中也为安全科学提出新的命题和课题。但是，安全技术及工程的领域也同时属于其他学科的领域。目前，其他学科也有大量的科研人员（甚至比安全学科的人员更多）在该交叉领域从业，由于其他学科的从业人员在某一专业上比安全技术及工程的从业人员更有优势，在激烈的竞争中他们往往占了上风。

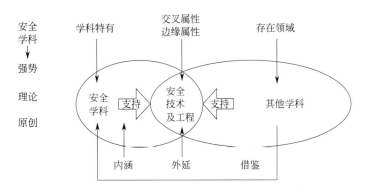

图 1-3 安全学科与其他学科的关系

但是，他们在安全科学研究方面却不可避免地处于劣势。安全学科与其他学科的关系在正常情况下应该形成相互促进、共同发展的关系。

1.1.6　系统与安全系统工程

1.1.6.1　系统论

"系统"的概念，来源于人类社会的实践经验，在长期的社会实践中不断发展并逐渐形成。一般系统论的创始人奥地利的贝塔朗菲指出：系统的定义可以确定为处于一定的相互关系中，并与环境发生关系的各组成部分的总体。我国科学家钱学森对系统的定义为：把极其复杂的研究对象称为系统，即由相互作用和相互依赖的若干组成部分结合成的具有特定功能的有机整体，而且这个系统本身又是它所从属的一个更大系统的组成部分。虽然对于系统概念有多种理解，但其基本意义大致相同，即系统是由相互作用、相互依赖的若干组成部分结合而成的具有特定功能的有机整体。

系统是一种由若干元素组成的集合体，用它来完成某种特殊功能。因此，每一项工作完成都是由人、机器、原材料、方法、环境等许多因素（元素）组成，及相互之间发生作用来完成工作的一个具有特殊功能的体系的总和。

每一个系统中的元素间相互联系、相互渗透、相互促进，彼此间保持着特定的关系，保证系统所要达到的最终目的。一旦相互间特定的关系遭到破坏，就会造成工作被动和不必要的损失。

客观世界都是由大大小小的系统组成的。组成系统的要素或者子系统又由一定数量的元素组成，各有其特定的功能和目标，它们之间相互关联，分工合作，以达到整体的共同目标。例如，科学技术系统包括七个基本要素，即机构、法、人、财、物、信息和时间七个子系统。它们集合在一起的共同目标是多出成果，快出人才，推动国民经济向前发展。而科学技术系统又是人类社会经济大系统的一个组成部分，或者说是一个子系统。任何一个团体、工厂、企业都可称为一个系统，在这个系统中，包含有管理机关、运行体系。继续往下分，就又出现一个系统，我们称其为子系统，它们包括班组及其成员等。

安全系统是由人、机、料、法、环等组成的维持社会团体、机关、企业等安全运行的系统。某些系统的形态并不是一成不变的，它是随着人们认识客观世界的深度，以及改造客观世界的需要，按照人们提出的分类标准进行划分的。在实际工作中这些系统也并非是孤立存在的，有时是相互交叉、相互依存、相互对立和相辅相成的。

从系统的定义可以看出，系统具有整体性、目的性、阶层性、相关性、环境适应性、动态性六个基本特征。

(1) 整体性　系统是由两个或两个以上相互区别的要素（元件或子系统）组成的整体，而且各个要素都服从实现整体最优目标的需要。构成系统的各要素虽然具有不同的性能，但它们通过综合、统一（而不是简单拼凑）形成的整体就具备了新的特定功能，就是说，系统作为一个整体才能发挥其应有功能。所以，系统的观点是一种整体的观点，一种综合的思想方法。

(2) 目的性　任何系统都是为完成某种任务或实现某种目的而发挥其特定功能的。要达到系统的既定目的，就必须赋予系统规定的功能，这就需要在系统的整体的生命周期，即系统的规划、设计、试验、制造和使用等阶段，对系统采取最优规划、最优设计、最优控制、最优管理等优化措施。

(3) 阶层性　系统阶层性主要表现在系统空间结构的层次性和系统发展的时间顺序性。系统可分成若干子系统和更小的子系统，而该系统又是其所属系统的子系统。这种系统的分割形式表现为系统空间结构的层次性。另外，系统的生命过程也是有序的，它总是要经历孕育、诞生、发展、成熟、衰老、消亡的过程，这一过程表现为系统发展的阶层性。系统的分析、评价、管理都应考虑系统的阶层性。

（4）相关性　构成系统的各要素之间、要素与子系统之间、系统与环境之间都存在相互联系、相互依赖、相互作用的特殊关系，通过这些关系使系统各元素有机地联系在一起，发挥其特定功能。即系统的各元素不仅都为完成某种任务而起作用，而且任一元素的变化也都会影响其任务的完成。有些要素彼此关联，有些要素相互排斥，有些要素则互不相干。例如，生产班组管理系统的人员增加或减少，就会影响设备装置、工时安排的改变。

（5）环境适应性　系统是由许多特定部分组成的有机集合体，而这个集合体以外的部分就是系统的环境。一方面，系统从环境中获取必要的物质、能量和信息，经过系统的加工、处理和转化，产生新的物质、能量和信息，然后再提供给环境。另一方面，环境也会对系统产生干扰或限制，即约束条件。环境特性的变化往往能够引起系统特性的变化，系统要实现预定的目标或功能，必须能够适应外部环境的变化。研究系统时，必须重视环境对系统的影响。

（6）动态性　世界上没有一成不变的系统。系统不仅作为状态而存在，而且具有时间性的程序。整个人类社会和自然环境的运行中，系统中的各个元素、子系统都是随着时间的改变而不断改变的。

1.1.6.2 安全系统工程基本观点

根据系统工程的特征，在处理问题时，以下一些系统工程的基本观点是值得强调的。

（1）全局的观点　就是强调把要研究和处理的对象看成一个系统，从整个系统（全局）出发，而不是从某一个子系统（局部）出发。例如，美国喷气推进实验室早就开始研究喷气发动机，后来美国陆军希望开发研究一个"下士"导弹系统，它涉及弹头、弹体、发动机和制导系统等。当时想使用该实验室研制的发动机，由于开始没有从总体考虑，只是把已有的东西（各个系统）进行了拼凑，虽然可以使用，但造价昂贵且不便维修，很不成功。后来开发研究"中士"导弹系统，该实验室提出要参与整个导弹系统的设计，也即对全系统的"特定功能"有所了解，而且要求了解设计、生产、使用的全部过程，结果"中士"导弹系统各个方面的功能大大得以改进。

全局性的观点承认并坚持凡是系统都要遵守系统学第一定律，即系统的属性总是多于组成它的元素在孤立状态时的属性。在复杂系统内部或这个复杂系统和环境中的其他系统之间，存在复杂的互依、竞争、吞噬或破坏关系。一个系统可以在一定的条件下由无序走向有序，也可以在一定的条件下由有序走向无序。对于非工程系统的研究，必须保证模型和原系统之间的相似性等基本观点。

（2）总体最优化的观点　人们设计、制造和使用系统最终是希望完成特定的功能，而且总是希望完成的功能效果最好。这就是所谓最优计划、最优实际、最优控制及最优管理和使用等。这里需要使用运筹学中的优化方法、最优控制理论、决策论等。值得注意的是近年来关于多目标最优性的讨论。由于考虑的功能很多，有的系统方案在这方面功能较好，而另一方面较差，很难找到一个十全十美的系统。在一些相互矛盾的功能要求中，必须有一个合理的妥协和折中，再加上定性目标的研究有时很难做到定量的最优化，因此，近年来有人开始提出"满意性"的观点，也就是总体最优性的观点。

系统总体最优性包含三层意思：一是从空间上要求整体最优；二是从时间上要求全过程最优；三是总体最优性是从综合效应反映出来的，它并不等于构成系统的各个要素（或子系统）都是最优。

（3）实践性的观点　系统工程和某些学科的区别是它非常注重实用，如果离开具体的项目和工程也就谈不上系统工程。钱学森曾指出："系统工程是改造客观世界的，是要实践的。"当然，实践性并不排斥对系统工程理论的探讨和对其他项目系统工程经验的借鉴。

（4）综合性的观点　由于复杂的大系统涉及面广，不但有技术因素，还有经济因素、社会因素，仅靠一两门学科的知识是不够的，需要综合应用诸如数学、经济学、运筹控制论、心理学、社会学和法学等各方面的学科知识。由于一个人所掌握的学科知识有局限性，所以系统工程的研究需要吸收各方面的专家、工程技术人员乃至有经验的工人参加，组成一个联合攻关和研讨小组开展工作。

（5）定性分析和定量分析相结合的观点　运用系统工程来研究并解决问题，强调把定性分析与定量分析结合起来。这是因为在处理一些庞大而复杂的系统时，经典数学的精确性与这些大系统的某些因素的不确定性存在不少矛盾。因此，在对整个系统进行定性分析和定量分析时，必须合理地将定性分析与定量分析有机地结合起来。脱离定性研究来进行定量分析，就只能是数学游戏，不能说明系统的本质问题；同样，只注意对系统进行定性分析，而不进行定量研究，就不可能得到最优化的结果。

1.1.6.3　安全系统工程发展概况

安全系统工程在 20 世纪 50 年代末创始于美国，首先使用于军事工业方面，随后在原子能工业上也相继提出了保证系统安全的问题，并于 1974 年由美国原子能委员会发表了WASH1400 报告，即商用核电站风险评价报告。这个报告发表后，引起世界各国的普遍重视，推动了安全系统工程的进一步发展。

继美国之后其他各国在安全系统工程方面也展开了研究，并取得不小的成果。如英国在60 年代中期开始收集有关核电站故障的数据，对系统的安全性和可靠性问题采用了概率评价方法，进一步推动了定量评价工作，并设立了系统可靠性服务所和可靠性数据库。日本引进安全系统工程方法的时间虽然较晚，但发展很快，已在电子、宇航、航空、铁路、公路、原子能、汽车、化工、冶金等工业领域大力开展了研究及应用。

当前，安全系统工程已引起了各国普遍重视，曾多次召开过安全系统工程的学术会议，出版了许多学术刊物和专著。国际安全系统工程学会每两年举办一次学术年会，1983 年在美国休斯敦召开的第六次会议，有 40 多个国家参加，讨论的议题涉及国民经济各个领域。可以看出，这门学科正得到越来越广泛的应用，并起到了越来越大的作用。

安全系统工程的应用研究工作在我国开展比较晚。1982 年北京市劳动保护研究所召开了安全系统工程座谈会，会上交流了国内开展研究和应用的情况，并探讨了在我国发展安全系统工程的方向，研究如何组织分工合作、如何长期进行学术交流等，这次会议为我国开展安全系统工程的研究与应用打下了良好的基础。

1985 年中国"劳动保护管理科学专业委员会"成立，在会上建立了"系统安全学组"，该学组以安全系统工程为中心，进行开发研究和推广应用等活动，为安全系统工程学科的发展和推进安全管理做出了贡献。

1996 年 10 月原劳动部颁发了第 3 号令，规定六类建设项目必须进行劳动安全卫生预评价。

2002 年 1 月 9 日中华人民共和国国务院令第 344 号发布了《危险化学品管理条例》，在规定了对危险化学品各环节管理和监督办法等的同时，提出了"生产、储存、使用剧毒化学品的单位，应当对本单位的生产、储存装置每年进行一次安全评价；生产、储存、使用其他危险化学品的单位，应当对本单位的生产、储存装置每两年进行一次安全评价"的要求。

2014 年 8 月 31 日全国人大常委会表决通过了关于修订《中华人民共和国安全生产法》

的决定，并自 2014 年 12 月 1 日起施行。其中规定矿山、金属冶炼建设项目和用于生产、储存、装卸危险物品的建设项目，应当按照国家有关规定进行安全评价。

目前，我国各产业部门、地方劳动局和工业部门在所属企业中，正在推广应用安全系统工程的活动，并取得了较好的效果。另外全国几十所高等院校增设了安全工程专业。这些都为普及和推广安全系统工程知识，推进现代安全管理创造了有利条件，同时也为创造出适合我国国情的安全系统工程打下了良好的基础。

1.1.6.4　安全系统工程研究对象

安全系统工程作为一门科学技术，有它本身的研究对象。任何一个生产系统都包括三个部分，即从事生产活动的操作人员和管理人员，生产必需的机器设备、厂房等物质条件，以及生产活动所处的环境。这三个部分构成一个"人-机-环境"系统，每一部分就是该系统的一个子系统，称为人子系统、机器子系统和环境子系统。

(1) 人子系统　该子系统的安全与否涉及人的生理和心理因素，以及规章制度、规程标准、管理手段、方法等是否适合人的特性，是否易于为人们所接受的问题。研究人子系统时，不仅要把人当成"生物人""经济人"，更要看成"社会人"，必须从社会学、人类学、心理学、行为科学角度分析问题、解决问题；不仅把人子系统看做系统固定不变的组成部分，更要看做是自尊自爱、有感情、有思想、有主观能动性的人。

(2) 机器子系统　对于该子系统，不仅要从工件的形状、大小、材料、强度、工艺、设备的可靠性等方面考虑其安全性，而且要考虑仪表、操作部件对人提出的要求，以及从人体测量学、生理学、心理与生理过程有关参数对仪表和操作部件的设计提出要求。

(3) 环境子系统　对于该子系统，主要应考虑环境的理化因素和社会因素。理化因素主要有噪声、振动、粉尘、有毒气体、射线、光、温度、湿度、压力、热、化学有害物质等；社会因素有管理制度、工时定额、班组结构、人际关系等。

三个子系统相互影响、相互作用的结果就使系统总体安全性处于某种状态。例如，理化因素影响机器的寿命、精度，甚至损坏机器；机器产生的噪声、振动、温度又影响人和环境；人的心理状态、生理状况往往是引起误操作的主观因素；环境的社会因素又会影响人的心理状态，给安全带来潜在危险。这就是说，这三个相互联系、相互制约、相互影响的子系统构成了一个"人-机-环境"系统的有机整体。分析、评价、控制"人-机-环境"系统的安全性，只有从三个子系统内部及三个子系统之间的这些关系出发，才能真正解决系统的安全问题。安全系统工程的研究对象就是这种"人-机-环境"系统。

1.1.6.5　安全系统工程研究内容

安全系统工程是专门研究如何用系统工程的原理和方法确保实现系统安全功能的科学技术。其主要研究内容有系统安全分析、系统安全评价、安全决策与控制。

(1) 系统安全分析　要提高系统的安全性，使其不发生或少发生事故，其前提条件是预先发现系统可能存在的危险因素，全面掌握其基本特点，明确其对系统安全性影响的程度。只有这样，才有可能抓住系统可能存在的主要危险，采取有效的安全防护措施，改善系统安全状况。这里所强调的"预先"是指：无论系统生命过程处于哪个阶段，都要在该阶段开始之前进行系统的安全分析，发现并掌握系统的危险因素。这就是系统安全分析要解决的问题。

系统安全分析是使用系统工程的原理和方法，辨别和分析存在的危险因素，并根据实际需要对其进行定性、定量描述的技术方法，它有安全目标、可选用方案、系统模式、评价标准、方案选优五个基本要素和程序。

(2) 系统安全评价　安全评价的目的是为决策提供依据。系统安全评价往往要以系统安全分析为基础，通过分析，了解和掌握系统存在的危险、有害因素，但不一定要对所有危险、有害因素采取措施，而是通过评价掌握系统的事故风险大小，以此与预定的系统安全指标相比较，如果超出指标，则应对系统的主要危险、有害因素采取控制措施，使其降至该标准以下。这就是系统安全评价的任务。

评价方法也有多种，评价方法的选择应考虑评价对象的特点、规模，评价的要求和目的，采用不同的方法。同时，在使用过程中也应和系统安全分析的使用要求一样，坚持实用和创新的原则。过去20年，我国在许多领域都进行了系统安全评价的实际应用和理论研究，开发了许多实用性很强的评价方法，特别是企业安全评价技术和各类危险源的评估、控制技术。

（3）安全决策与控制　任何一项系统安全分析技术或系统安全评价技术，如果没有一种强有力的管理手段和方法，也不会发挥其应有的作用。因此，在出现系统安全分析的同时，也出现了系统安全决策。其最大的特点是从系统的完整性、相关性、有序性出发，对系统实施全面、全过程的安全管理，实现对系统的安全目标控制。系统安全管理是应用系统安全分析和系统安全评价技术，以及安全工程技术为手段，控制系统安全性，使系统达到预定安全目标的一整套管理方法、管理手段和管理模式。

安全措施是根据安全评价的结果，针对存在的问题，对系统进行调整，对危险点或薄弱环节加以改进。安全措施主要有两个方面：一是预防事故发生的措施，即在事故发生之前采取适当的安全措施，排除危险因素，避免事故发生；二是控制事故损失扩大的措施，即在事故发生之后采取补救措施，避免事故继续扩大，使损失减少到最小。

1.1.6.6　安全系统工程方法论

安全系统工程的方法是依据系统学和安全学理论，在总结过去经验型安全方法的基础上日渐丰富和成熟的。概括起来可以归纳为如下五个方面。

（1）从系统整体出发的研究方法　安全系统工程的研究方法必须从系统的整体性观点出发，从系统的整体考虑解决安全问题的方法、过程和要达到的目的。例如，对每个子系统安全性的要求，要与实现整个系统的安全功能和其他功能的要求相符合。在系统研究过程中，子系统和系统之间的矛盾以及子系统与子系统之间的矛盾，都要采用系统优化方法寻求各方面均可接受的满意解；同时，要把安全系统工程的优化思路贯穿到系统的规划、设计、研制和使用等各个阶段中。

（2）本质安全方法　这是安全技术追求的目标，也是安全系统工程方法中的核心。由于安全系统把安全问题中的人-机-环境统一为一个"系统"来考虑，因此不管是从研究内容来考虑还是从系统目标来考虑，核心问题就是本质安全化，就是研究实现系统本质安全的方法和途径。

（3）"人-机"匹配法　在影响系统安全的各种因素中，至关重要的是"人-机"匹配。在产业部门研究与安全有关的"人-机"匹配称为安全人机工程，在人类生存领域研究与安全有关的"人-机"匹配称为生态环境和人文环境问题。显然，从安全的目标出发考虑"人-机"匹配，以及采用"人-机"匹配的理论和方法是安全系统工程方法的重要支撑点。

（4）安全经济法　由于安全的相对性原理，所以，安全的投入与安全（目标）在一定经济技术水平条件下有着对应关系。也就是说，安全系统的"优化"同样受制于经济。但是，由于安全经济的特殊性（安全性投入与生产性投入的渗透性、安全投入的超前性与安全效益的滞后性、安全效益评价指标的多目标性、安全经济投入与效用的有效性等）就要求安全系统工程方法在考虑系统目标时，要有超前的意识和方法，要有指标（目标）的多元化的表示方法和测算方法。

（5）系统安全管理方法　安全系统工程从学科的角度讲是技术与管理相交叉的横断学

科，从系统科学原理的角度讲，它是解决安全问题的一种科学方法。所以，安全系统工程是理论与实践紧密结合的专业技术基础，系统安全管理方法则贯穿到安全的规划、设计、检查与控制的全过程。所以，系统安全管理方法是安全系统工程方法的重要组成部分。

1.2 系统安全理论

系统安全是指在系统生命周期内应用系统安全工程和系统安全管理方法，辨识系统中的隐患，并采取有效的控制措施使其危险性最小，从而使系统在规定的性能、时间和成本范围内达到最佳的安全程度。系统安全理论是人们为解决复杂系统的安全性问题而开发、研究出来的安全理论、方法体系。复杂的系统往往由数以千万计的元素组成，元素之间以非常复杂的关系相连接，在被研究制造或使用过程中往往涉及高能量，系统中微小的差错就会导致灾难性的事故。大规模复杂系统安全性问题受到了人们的关注，于是，出现了系统安全理论和方法。

1.2.1 安全系统要素理论

从安全系统的动态特性出发，人类的安全系统是人、社会、环境、技术、经济等因素构成的大协调系统。无论从社会的局部还是整体来看，人类的安全生产与生存需要多因素的协调和组织才能实现。安全系统的基本功能和任务是满足人类的安全生产与生存，以及保障社会经济生产发展的需要，因此安全活动要以保障社会生产、促进社会经济发展、降低事故和灾害对人类自身生命和健康的影响为目的。为此，安全活动首先应与社会发展基础、科学技术背景和经济条件相适应和相协调。安全活动的进行需要经济和科学技术等资源的支持，安全活动既是一种消费活动（以生命与健康安全为目的），也是一种投资活动（以保障经济生产和社会发展为目的）。

从安全系统的静态特性看，安全系统论理论要研究两个系统对象：一是事故系统；二是安全系统。

事故系统涉及四个要素，见图 1-4。事故要素涉及四个方面，即：人因（men）——人的不安全行为；物因（machine）——物的不

图 1-4　事故系统要素及逻辑关系

安全状态；环境因素（medium）——生产环境的不良；管理因素（management）——管理的欠缺。其中，人、机、环境与事故的关系是逻辑"或"，而管理与事故的关系是逻辑"与"，因此，管理因素非常重要，因为管理对人、机、环境都会产生作用和影响。

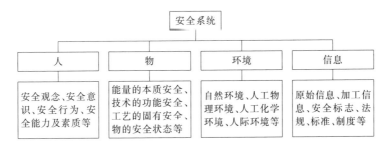

图 1-5　安全系统要素及结构

重要和更具现实意义的系统对象是安全系统（图 1-5）。其要素是：人——人的安全素

质（心理与生理、安全能力、文化素质）；物——设备与环境的安全可靠性（设计安全性、制造安全性、使用安全性）；环境——决定安全的自然、人工环境因素及状态；信息——充分可靠的安全信息流（管理效能的充分发挥）是安全的基础保障。

认识事故系统要素，可以指导我们通过控制、消除事故系统来保障安全，这种认识是必要的，并且可以通过事故规律及原因的认知，来促进预防。但更有意义的是，从安全系统的角度，通过研究安全系统规律，应用超前、预防方法论来建立创造安全系统，实现本质安全。因此，从建设安全系统的角度来认识安全原理更具有理性的意义，更符合科学性原则。

从事故系统和安全系统的分析中，我们看到，人、机、环境三个因素具有三重特性，即：一是三者都是安全的保护对象；二是事故的因素；三是安全的因素。如果人、机、环境仅仅认识到事故因素是不够的，比如人因，从事故因素的角度，我们想到的是追责、查处、监督、检查；从安全因素的角度，我们就应该激励、自律、自责，变"要他安全"为"他要安全"。显然，重视安全因素建设是高明、治本的。

1.2.2　系统本质安全理论

1.2.2.1　系统本质安全的含义及现实意义

本质安全源于20世纪50年代世界宇航技术界，主要是指电气系统具备防止可能导致可燃物质燃烧所需能量释放的安全性。

对于技术系统而言，关于本质安全的定义大多是从系统自身及其构成要素的零缺陷上来阐述。这是因为技术系统的构成元素间的关系是线性、确定的，系统的本质安全性等于所有元器件本质安全性的乘积，只要能够保证所有元器件的本质安全性，整个技术系统也就是本质安全的。

但对于复杂的社会技术系统，是由其构成要素（个人、物、信息、文化）通过复杂的交互作用形成的有机整体，系统具有自组织性，系统构成部分之间是一种非线性关系，系统的大部分构成要素是一种智能体，客观地讲，这些智能体是无法达到本质安全性的，对于这些智能体来说，安全性本身就是一个具有相对性的概念，会随着时代发展和技术进步而不断得到提升，虽然复杂社会技术系统的构成要素也许永远达不到本质安全性要求，但这并不意味着系统作为一个整体无法达到本质安全性。这里我们需要特别强调的一点是，对于复杂的社会技术系统，系统的本质安全性并不代表系统的构成要素是本质安全的，由于系统自身及其要素都具有一定的容错性和自组织性，只要在保证系统的构成元素是相对可靠的条件下，完全可以通过系统的和谐交互机制使系统获得本质安全性。

系统本质安全是通过微观层面的和谐交互以达到系统整体的和谐所取得的，本质安全形成应该是由外而内的，最终通过文化交互的和谐性而达到系统的内在本质安全性。

本质安全理论具有重要的现实意义。首先，它给人们带来了安全管理理念的变化，使得人们认识到事故不是必然存在的，只是偶然发生的，不发生事故才是必然的，即使是复杂社会技术系统的事故也是可以绝对预防的，只不过这种绝对是指对系统可控事故的长效预防。其次，该理论的出现改变了人们对事故预防模式的认识，从过去建立在功能分割和经验判断基础之上的事故预防模式转变为从系统和谐及系统整体交互作用的匹配性来重新思考复杂系统安全问题的控制模式，由于过去建立在功能分割基础之上的事故预防模式过分强调职能分工和经验判断在预防事故过程中的重要作用，通过对系统层层分解，试图从事故源头入手，将事故隐患扼杀在摇篮里，但由于缺乏有效系统集成技术，虽然能够找到事故源头，仍然缺乏对事故成因的整体认识，最终导致"只见树木，不见森林"，无法把握事故成因的整体交互机制，最终还是难以有效预防事故。

1.2.2.2 系统本质安全的实现

系统本质安全实现是有前提条件的。首先，系统必须具备内在可靠性。即要达到内在安全性，能够抵抗一定的系统性扰动，也就是说能够应付系统内部交互作用波动引起的系统内部不和谐性。其次，系统能够适应环境变化引起的环境性扰动，即要其具备抵御系统与外部交互作用的不和谐性能力。再次，本质安全必须能够合理配置系统内外部交互作用的耦合关系，实现系统和谐，这将涉及技术创新、规范制度、法律完善、文化建设等方方面面。最后，本质安全概念体现了事故成因的整体交互机制，因此，事故预防应该从系统整体入手，最终实现全方位的系统安全。由此可见，本质安全是一个动态演化的概念，也是一个具有一定相对性的概念，它会随着技术进步、管理理论创新而演化；它是安全管理的终极目标，最终达到对可控事故的长期有效预防；其主要措施是理顺系统内外部交互关系，提高系统和谐性；实现方式是对事故进行超前管理，从源头上预防事故。

1.2.2.3 本质安全模式及技术方法

技术系统的本质安全具有如下两种基本模式。

（1）失误-安全功能（fool-proof） 指操作者即使操作失误，也不会发生事故或伤害。

（2）故障-安全功能（fail-safe） 指设备、设施或技术工艺发生故障或损坏时，还能暂时维持正常工作或自动转变为安全状态。

本质安全的实现可通过如下的技术方法：最小化（minimize）或强化（intensify）、替代（substitute）、稀释（attenuate）或缓和（moderate）、简化（simplify）、限制危害后果（limitation of effects）、容错（error tolerance）、改进早期化（change early）、避免碰撞效应（avoiding knock-on effect）、状况清楚（making status clear）、避免组装错误（making incorrect assembly impossible）、容易控制（ease of control）、管理控制/程序（management control/procedure）等。

1.2.3 人本安全理论

任何系统仅仅依靠技术来实现全面的安全是不可能的，俗话说"没有最安全的技术，只有最安全的行为"。科学的本质安全概念，是全面的安全、系统的安全、综合的安全。任何系统既需要物的本质安全，更需要人的本质安全，"人本"与"物本"相结合，才能构建全面本质安全的系统。

"物本"是安全的硬实力，"人本"是安全的"软实力，硬道理"。根据安全科学"3E对策理论"为基础的研究，安全"软实力"具有重要的作用，"软实力"对于安全的贡献率占有很大的比重。

基于安全文化学理论，人们提出了"人本安全原理"，其基本理论规律见图1-6。即人本安全的目标是塑造"本质安全型"人，这需要从安全观念文化和安全行为文化入手，同时，需要创造良好的安全物态及环境文化。

依据"人本安全理论"，在安全生产领域，提出了企业安全文化建设的策略，即安全文化建设的范畴体系：安全观念文化建设，安全行为文化建设，安全制度文化建设，安全物态文化建设。

人员安全素质是安全生理素质、安全心理素质、安全知识与技能要求的总和。其内涵非常丰富，主要包括安全意识、法制观念、安全技能知识、文化知识结构、心理应变能力、心理承受适应性能力和道德行为约束能力。安全意识、法制观念是安全素质的基础；安全技能知识、文化知识结构是安全素质的重要条件；心理应变能力、承受适应能力和道德、行为规范约束力是安全素质的核心内容。三个方面缺一不可，相互依赖，相互制约，构成人员安全

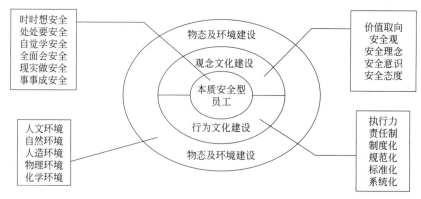

图 1-6　人本安全理论

素质。

（1）安全生理素质　指人员的身体健康状况、感觉功能、耐力等。

（2）安全心理素质　指个人行为、情感、紧急情况下的反应能力，事故状态下的个人承受能力等。人的心理素质取决于人的心理特征。心理素质标准一般包括气质、性格、情绪与情感、意志、能力。

（3）安全知识与技能要求　从业人员不仅要掌握生产技术知识，还应了解安全生产有关的知识。生产技术知识内容包括：生产经营单位基本生产概况、生产技术过程、作业方法或工艺流程，专业安全技术操作规程，各种机具设备的性能以及产品的构造、性能、质量和规格等。安全技术知识内容包括：生产经营单位内危险区域和设备设施的基本知识及注意事项，安全防护基本知识和注意事项，机械、电气和危险作业的安全知识，防火、防爆、防尘、防毒安全知识，个人防护用品的使用，事故的报告处理等。

1.2.4　系统全过程管理理论

1.2.4.1　过程安全管理

过程安全（process safety）是指可避免任何处理、使用、制造及储存危险性化学物质工艺过程所产生重大意外事故的操作方式，须考虑技术、物料、人员与设备等动态因素，其核心是一个化工过程得以安全操作和维护，并长期维持其安全性。

过程安全管理是利用管理的原则和系统的方法，来辨识、掌握和控制化工过程的危害，确保设备和人员的安全。从过去的事故案例看，单一的管理或技术途径无法有效地避免安全事故的发生。对一个复杂的石化生产过程而言，涉及化学品安全、工艺安全、设备安全和作业环境安全多个方面，要防止因单一失误演变成重大灾难事故，就必须从过程控制、人员操控、安全设施、应急响应等多方面构筑安全防护体系，即建立完备的"保护层"。因此，作为过程安全工作的重点就是通过技术、设施及员工建立完备的"保护层"，并维持其完整性和有效性。

（1）技术　首先要考虑的是只要可行就必须选择危害性最小或本质安全的技术，并从技术上保证设备本体的安全。

（2）设施　硬件上的安全考虑应包括安全控制系统、安全泄放系统、安全隔离系统、备用电力供应等。

（3）员工　最后的保护措施是员工需要适当训练，以提高应对紧急情况的能力。

1.2.4.2　设备完整性管理

过程安全管理极其重要的一环是相关设备的设计、制造、安装及保养，不符合规格或规范的设备是造成化学灾害及安全事故的主要原因之一。设备完整性管理技术对应于 PSM 中的第八条款，是从设备上保障过程安全。设备完整性管理技术是指采取技术改进措施和规范设备管理相结合的方式，来保证整个装置中关键设备运行状态的完整性。其特点如下。

（1）设备完整性具有整体性，是指一套装置或系统的所有设备的完整性。

（2）单个设备的完整性要求与设备的装置或系统内的重要程度有关。即运用风险分析技术对系统中的设备按风险大小排序，对高风险的设备需要加以特别的照顾。

（3）设备完整性是全过程的，从设计、制造、安装、使用、维护，直至报废。

（4）设备资产完整性管理是采取技术改进和加强管理相结合的方式来保证整个装置中设备运行状态的良好性，其核心是在保证安全的前提下，以整合的观点处理设备的作业，并保证每一作业的落实与品质保证。

（5）设备的完整性状态是动态的，设备完整性需要持续改进。

设备完整性管理是以风险为导向的管理系统，以降低设备系统的风险为目标，在设备完整性管理体系的构架下，通过基于风险技术的应用而达到目的，见图 1-7。

设备完整性管理包括基于风险的检验计划和维护策略，即基于时间、基于条件、正常运行情况或故障情况下的维护。其核心是利用风险分析技术识别设备失效的机理、分析失效的可能性与后果，确定其风险的大小；根据风险排序制定有针对性的检维修策略，并考虑将检维修资源从低风险设备向高风险设备转移；以上各环节的实施与维持用体系化的管理加以保证。因此，设备完整性管理的实施包括管理和技术两个层面：在管理上建立设备完整性管理体系；在技术上以风险分析技术作支撑，包括针

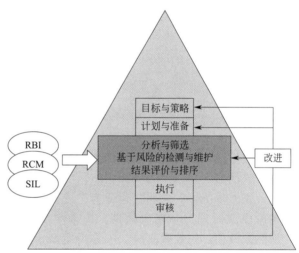

图 1-7　设备完整性安全管理体系

对静设备与管线的 RBI 技术、针对动设备的 RCM 技术和针对安全仪表系统的 SIL 技术等。

1.2.5　工程结构可靠度理论

工程结构可靠度是指工程结构在规定的时间内、规定的条件下完成预定功能的概率。其中，规定时间是指分析结构可靠度时考虑各项基本变量与时间关系取得的时间参数，即设计基准期；规定条件是指结构设计时所确定的正常设计、正常施工和正常使用的条件，不考虑人为过失的影响。

1.2.5.1　可靠性特征量

通常把表示和衡量产品的可靠性的各种数量指标统称为可靠性特征量。

（1）可靠性　可靠性是产品在规定条件下和规定时间内完成规定功能的概率。显然，规定时间越短，产品完成规定功能的可能性越大，规定时间越长，产品完成规定功能的可能性就越小。可靠性是时间 t 的函数，故也称为可靠性函数，记作 $R(t)$，如已知工作时间的概率密度函数为 $f(t)$，其函数如图 1-8 所示。

$$R(t) = P(T > t) = \int_t^\infty f(t)\mathrm{d}t \qquad (1\text{-}1)$$

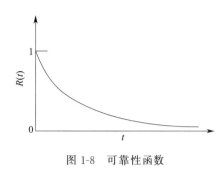

图 1-8　可靠性函数

且有 $R(0)=1$，$R(\infty)=0$。

（2）平均寿命和有效度　不可修产品的平均寿命是指产品失效前的平均工作时间，记为 MTTF（mean time to failure）；可修产品的平均寿命是指响铃两次故障间的平均工作时间，称为平均无故障工作时间或平均故障间隔时间，记作 MTBF（mean time between failures）。它们都表示无故障工作时间的期望值 $E(t)$。则：

$$E(t)=\int_0^\infty tf(t)\mathrm{d}t \tag{1-2}$$

系统稳态有效度 A（availability）表示产品处于完好状态的概率。

$$A=\frac{\mathrm{MTBF}}{\mathrm{MTBF}+\mathrm{MTTR}} \tag{1-3}$$

式中，MTTR 为平均维修时间（mean time to repair）。

（3）失效率和失效率曲线　失效率（瞬时失效率）是工作到 t 时刻尚未失效的产品，在该时刻 t 后的单位时间内发生失效的概率，也称为失效率函数，记为 $\hat\lambda(t)$，其观测值可表示为：

$$\hat\lambda(t)=\frac{F(t+\Delta t)-F(t)}{\Delta t}=\frac{在时间(t,t+\Delta t)内每单位时间失效数}{试验总数} \tag{1-4}$$

可靠性取决于各部件的失效率，根据长期以来的理论研究和数据统计，失效率曲线的典型形态如图 1-9 所示，由于它的形状与浴盆的剖面相似，所以又称为浴盆曲线（bathtubcurve），它明显地分为三段，分别对应三个不同阶段或时期：早期失效期，失效率曲线为递减型；偶然失效期，失效率曲线 2 段为恒定型；耗损失效期，失效率曲线是递增型。

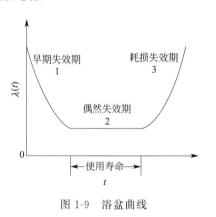

图 1-9　浴盆曲线

1.2.5.2　系统可靠性

系统的组成结构从可靠性的角度来看可分为串联系统、并联系统、冗余表决系统和混联系统，这些都是基本可靠性模型，也称为传统可靠性模型。

（1）串联系统　如果一个系统由多个子系统组成，要完成规定功能，每个子系统都不能出现故障，这样的系统是典型的串联系统，其可靠性计算可以使用串联系统可靠性模型进行，其故障率为：

$$\lambda=\sum_{i=1}^n \lambda_i \tag{1-5}$$

式中，λ_1，…，λ_n 分别为串联的 n 个部件的故障率。

如静定桁架结构，其中每个杆件均可看成串联系统的一个元件，只要其中一个元件失效，整个系统就失效。串联系统的可靠度随着单元可靠度的减小及单元数的增加而迅速下降，因此为提高串联系统的可靠性，单元数宜少，而且重视改善最薄弱单元的可靠性。

（2）并联系统　与串联系统不同，如果一个系统由多个子系统组成，要完成规定功能，只要一个子系统不出现故障即可，这样的系统是典型的并联系统，其可靠性计算可以使用并联系统可靠性模型进行，两单元并联的系统故障率的倒数为：

$$\frac{1}{\lambda} = \frac{1}{\lambda_1} + \frac{1}{\lambda_2} - \frac{1}{\lambda_1 + \lambda_2} \tag{1-6}$$

式中，λ_1、λ_2 分别为并联单元的故障率。

当各 λ 相同时，两单元的并联系统即为 2 选 1 的表决系统。

如超静定结构的失效可用并联模型表示，一个多跨的排架结构，每个柱子都可以看成是并联系统的一个元件，只有当所有柱子均失效后，该结构体系才失效。一个两端固定的刚梁，只有当梁两端和跨中形成了塑性铰（塑性铰截面当作一个元件），整个梁才失效。并联系统对提高系统的可靠度有显著的效果，但是所需材料等都会成倍增加。

（3）冗余表决系统　并联系统中，如果要求多个子系统不出现故障才能完成规定功能，这样的系统就是冗余表决系统，其可靠性计算可以使用冗余表决系统可靠性模型进行。冗余表决系统是指由 n 个可靠性特征相同的单元构成，须至少 r （$r \leqslant n$）个单元正常工作的系统，其故障率的倒数为：

$$\frac{1}{\lambda} = \sum_{i=r}^{n} \frac{1}{\lambda_i} \tag{1-7}$$

（4）混联系统　串联系统对子系统的可靠性要求较高，特别是系统中的一些关键件，如果可靠性不高，实践中往往采用子系统并联或冗余表决的方法增加系统的可靠性，这样的系统的可靠性模型为混联模型。混联模型最终可简化为串联模型或并联模型。

1.2.6 工程项目风险理论

工程项目风险理论是指通过风险识别、风险分析和风险评价，去认识工程项目的风险，并以此为基础合理地使用各种风险应对措施、管理方法、技术和手段对项目的风险实行有效的控制，妥善处理风险事件造成的不利后果，以最少的成本保证项目总体目标实现的管理工作。

1.2.6.1 风险的基本概念

风险是指引发危险的概率及其损害的严重程度，有不确定性和损失性两个基本特征。

风险是可度量的，虽然个别的风险事件很难预测，但可以对其发生的概率进行分析，并可以评估其发生的影响，同时利用分析预测的结果为人们的决策服务，预防风险事件的发生，减少风险发生造成的损失。

风险由以下因素构成：风险因素、风险事件、风险损失。

（1）风险因素　风险因素是指能够增加风险事故发生频率或严重程度的因素，它是风险事故发生的潜在原因，是造成损失的间接和内在的原因。根据其性质，通常把风险因素分为实质性风险因素、道德风险因素和心理风险因素。

实质性风险因素属于有形因素，是指能引起或者增加损失机会与损失程度的物质条件，如失灵的刹车系统、恶劣的气候、易爆物品等；道德风险因素属于无形因素，与人的不正当社会行为和个人的道德品质修养有关，表现为不良企图或恶意行为，故意促使风险事故发生或损失扩大，如不诚实、纵火、勒索等；心理风险因素也属于无形因素，是指可能引起或增加风险事故发生和发展的人的心理状态方面的原因，强调的是无意或者疏忽的行为，而非恶意。

（2）风险事件　风险事件是指直接造成损失或损害的风险条件，是造成事故和损失的直接原因和条件。风险事件的发生导致损失的可能性转化为现实的损失，它的可能发生或不可能发生是不确定性的外在表现形式。例如，火灾的发生可能造成生产资料的损失和人员的伤亡，火灾就可以定义为风险事件。风险事件是否能造成风险损失还由其他因素决定。

（3）风险损失 风险控制和风险管理中的损失不同于一般损失，它是风险的结果，是风险承担者不愿意看到的后果，是指非故意、非计划和非预期的经济价值损失。这种损失分为直接损失和间接损失两种。直接损失是指实质性的经济价值的损失，是可以观察、计量和测定的。间接损失是由直接损失引起的破坏事实，一般是指额外的费用损失、收入的减少和责任的追究。例如，由于机器损失导致生产线的中断所引起的直接损失是机器的价值和产出的减少，因未按期交货引起客户的索赔和造成订单的减少为间接损失。

风险因素、风险事件和风险损失三者联系紧密，风险因素引起风险事件，风险事件导致风险损失，产生的结果与预期结果的不同即为风险，其关系如图 1-10 所示。

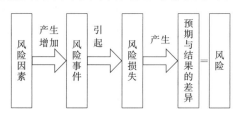

图 1-10 风险因素、风险事件、风险损失与风险的关系

1.2.6.2 风险管理步骤

风险管理一般经过以下几个步骤。

（1）风险辨识 识别各种可能造成损失的重大风险。

（2）风险分析 衡量风险的损失频率和损失程度，对各因素影响大小进行分析。

（3）风险管理 制定企业风险管理策略。

（4）风险预防 持续不断地对企业风险管理战略的实施情况进行监督和评估，并反馈结果。

1.3 安全对策理论

1.3.1 安全 3E 对策理论

在造成事故的各种原因中，技术的原因、教育的原因以及管理的原因，这三项是构成事故最重要的原因。与这些原因相应的防止对策为技术对策、教育对策以及法制对策。通常把技术（engineering）、教育（education）和法制（enforcement）对策称为"3E"安全对策，被认为是防止事故的三根支柱。

通过运用这三根支柱，能够取得防止事故的效果。如果片面强调其中任何一根支柱，例如强调法制，是不能得到令人满意的效果的，它一定要伴随技术和教育的进步才能发挥作用，而且改进的顺序应该是技术、教育、法制。技术充实之后，才能提高教育效果；而技术和教育充实之后，才能实行合理的法制。

（1）技术对策 技术的对策是和安全工程学的对策不可分割的。当设计机械装置或工程以及建设工厂时，要认真地研究、讨论潜在危险之所在，预测发生某种危险的可能性，从技术上解决防止这些危险的对策，工程一开始就把它编入蓝图，而且像这样实施了安全设计的机械装置或设施，要应用检查和保养技术，切实保障原计划的实现。

为了实施这样的根本的技术对策，应该知道所有有关的化学物质、材料、机械装置和设施，了解其危险性质、构造及其控制的具体方法。

为此，不仅有必要归纳整理各种已知的资料，而且要测定性质未知的有关物质的各种危险性质。为了得到机械装置安全设计所需要的其他资料，还要反复进行各种试验研究，以收集有关防止事故的资料。

（2）教育对策　教育作为一种安全对策，不仅在产业部门，而且在教育机关组织的各种学校，同样有必要实施安全教育和训练。

安全教育应当尽可能从幼年时期就开始，从小就灌输对安全的良好认识和习惯，还应该在中学及高等学校中，通过化学试验、运动竞赛、远足旅行、骑自行车、驾驶汽车等实行具体的安全教育和训练。

另一方面，培养教师的单位必须培养能在学校进行安全教育的教师。

作为专门教育机关的工业高等学校、工业高等专科学校或大学工程部，对将来担任技术工作的学生，应该系统地教授必要的安全工程学知识；对公司和工厂的技术人员，应该按照具体的业务内容，进行安全技术及管理方法的教育。

（3）法制对策　法制对策是从属于各种标准的。作为标准，除了国家法律规定的以外，还有学术团体编写的安全方针和工业标准，公司、工厂内部的工作标准等。其中，强制执行的标准称为指令性标准，劝告性的非强制的标准称为推荐性标准。

法规必须具有强制性，如果规定过于详细，就会使某些工程适合其规定，而其他的工程则不适合，势必妨碍生产。其结果是，只有执行最低标准的法规，可以适用于所有的场合。换言之，这说明除指令性法规外，大量的推荐性标准也是必需的。

综上所述，选择防止事故的对策时，如果没有选择最恰当的对策，效果就不会好。最适当的对策是在原因分析的基础上得出来的。与只把直接原因作对象的对策相比，以二次原因及基础原因为对象的对策是根本的对策，在可能的情况下，应该选定以基本原因为对象的对策。

更重要的是必须尽量迅速、不失时机、确实地实行选定的对策。

1.3.2　安全 3P 对策理论

基于事故防范的思维，人们提出了事故预防的"3P"策略理论，即：先其未然——事前预防策略（prevention）；发而止之——事中应急策略（pacification）；行而责之——事后惩戒策略（precept）。"3P"是事故防范体系，也是纵向的安全保障体系，是时间逻辑，是事故放大的三个层面的防范体系。简称为"事前""事中"和"事后"，"事前"是上策，"事中"是中策，"事后"是下策。

在安全保障体系中预防有两个含义：一是事故的预防工作，即通过安全管理和安全技术等手段，尽可能地防止事故的发生，实现本质安全；二是在假定事故必然发生的前提下，通过预先采取的预防措施，来达到降低或减缓事故的影响或后果严重程度，如加大建筑物的安全距离、工厂选址的安全规划、减少危险品的存量、设置防护墙，以及开展公众教育等。从长远观点看，低成本、高效率的预防措施是减少安全事故的关键。

事中应急策略包括三个方面的内容，即应急准备、应急响应和应急恢复，是应急管理中一个极其关键的过程。应急准备是针对可能发生的事故，为迅速有效地开展应急行动而预先所做的各种准备，包括应急体系的建立，有关部门和人员职责的落实，预案的编制，应急队伍的建设，应急设备、物资的准备和维护，预案的演习及与外部应急力量的衔接等，其目标是保持重大事故应急救援所需的应急能力。应急响应是在事故发生后立即采取的应急与救援行动。恢复工作应该在事故发生后立即进行，其首先使事故影响区域恢复到相对安全的基本状态，然后逐步恢复到正常状态。

基于事故教训的安全策略，即所谓"亡羊补牢""事后改进"的战略。通过分析事故致因，制定改进措施，实施整改，坚持"四不放过"的原则，做到同类事故不再发生。具体的策略有：前面的事故调查取证；科学的原因分析；合理的责任追究；充分的改进措施；有效的整改完善。

1.3.3 安全分级控制匹配原理

安全分级控制匹配（the match）原理是指"基于分级而采取相应级别的安全监控管理措施的合理性匹配原理"，简称"分级控制原理"。这一原理基于对系统或对象的风险分级，遵循"安全分级监控"的合理性、科学性原则，能够保障和提高安全监控或监管的效能，是现代安全科学控制与管理的发展潮流。

基于风险分级的监控监管匹配原理的方法机制一般采用 4 个风险级别，分别为 Ⅰ 级、Ⅱ 级、Ⅲ 级和 Ⅳ 级，对应的预警颜色分别用红色、橙色、黄色和蓝色的安全色标准表征。相应安全监管措施也分为 4 个防控级别，分别为高级预控、中级预控、较低级预控和低级预控，对应的颜色同样用红色、橙色、黄色和蓝色的安全色表征。风险分级预控的匹配原理如表 1-2 所示。

表 1-2　基于风险分级的安全监管匹配原理

风险分级	风险分级监管或预控匹配原则			
	高	中	较低	低
Ⅰ（高）	合理 可接受	不合理 不可接受	不合理 不可接受	不合理 不可接受
Ⅱ（中）	不合理 可接受	合理 可接受	不合理 不可接受	不合理 不可接受
Ⅲ（较低）	不合理 可接受	不合理 可接受	合理 可接受	不合理 不可接受
Ⅳ（低）	不合理 可接受	不合理 可接受	不合理 可接受	合理 可接受

1.3.4 安全保障体系球体斜坡力学理论

安全保障体系的球体斜坡力学原理见图 1-11。这一原理的含义是：组织的安全状态就像一个停在斜坡上的球，物的固有安全、安全设施和安全保护设备，以及各单位或组织安全制度和安全监管措施，是球的基本支撑力，对安全的保证发挥基础性的作用。但是，仅有这一支撑力是不足以使系统安全这个球稳定和保持在应有的标准水平之上的，这是因为，在组织或单位的系统中存在一种下滑力。这种不良的下滑力是由如下的原因造成的：一是事故的特殊性和复杂性，如事故的偶然性、突发性，例如，人的不安全行为或安全措施不到位不一定会导致事故发生，而这使得人们无意或故意地放弃安全措施，从而对系统安全这个球产生了不良下滑作用力；二是人的趋利主义，稳定安全或提高安全水平需要增加安全成本，反之可以将安全成本变为利润，因此当安全与发展、安全与速度、安全与生产、安全与经营、安全与效益发生冲突时，人们往往放弃前者；三是人的惰性和习惯，保障安全费时、费力，增加时间成本，反之便是"投机取巧"，获得利益。这种不良的惰性和习惯是因为安全规范需要付出力气和时间，而违章可带来暂时的舒适和短期的利益。

这种下滑力显然是基本的安全保障措施所不能克服的。克服这种下滑力需要针对性的反作用力，这种反作用力就是文化力，即先进认识论形成的驱动力、价值观和科学观的引导力、正确意识和态度的执行力、道德行为规范的亲和力等。

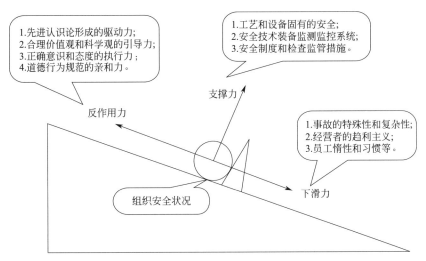

图 1-11 安全保障体系的球体斜坡力学原理

1.3.5 安全强制理论

1.3.5.1 强制原理的含义

采取强制管理的手段控制人的意愿和行动，使个人的活动、行为等受到安全管理要求的约束，从而实现有效的安全管理，这就是强制原理。一般来说，管理均带有一定的强制性。管理是管理者对被管理者施加作用和影响，并要求被管理者服从其意志，满足其要求，完成其规定的任务。不强制便不能有效地抑制被管理者的无拘个性，将其调动到符合整体管理利益和目的的轨道上来。

安全管理需要强制性是由事故损失的偶然性、人的冒险心理以及事故损失的不可挽回性所决定的。安全强制性管理的实现，离不开严格合理的法律、法规、标准和各级规章制度，这些法规、制度构成了安全行为的规范。同时，还要有强有力的管理和监督体系，以保证被管理者始终按照行为规范进行活动，一旦其行为超出规范的约束，就要有严厉的惩处措施。

1.3.5.2 强制原理的原则

（1）"安全第一"原则 安全第一，就是要求在进行生产和其他活动的时候把安全工作放在一切工作的首要位置。当生产和其他工作与安全发生矛盾时，要以安全为主，生产和其他工作要服从安全，这就是"安全第一"原则。

"安全第一"原则可以说是安全管理的基本原则，也是我国安全生产方针的重要内容。贯彻"安全第一"原则，就是要求一切经济部门和生产企业的领导者要高度重视安全，把安全工作作为头等大事来抓，要把保证安全作为完成各项任务、做好各项工作的前提条件。在计划、布置、实施各项工作时首先想到安全，预先采取措施，防止事故发生。该原则强调，必须把安全生产作为衡量企业工作好坏的一项基本内容，作为一项有否决权的指标，不安全不准进行生产。

（2）监督原则 为了促使各级生产管理部门严格执行安全法律、法规、标准和规章制度，保护职工的安全与健康，实现安全生产，必须授权专门的部门和人员行使监督、检查和惩罚的职责，以揭露安全工作中的问题，督促问题的解决，追究和惩戒违章失职行为，这就是安全管理的监督原则。

安全管理带有较多的强制性，只要求执行系统自动贯彻实施安全法规，而缺乏强有力的监督系统去监督执行，则法规的强制威力是难以发挥的。随着社会主义市场经济的发展，企业成为自主经营、自负盈亏的独立法人，国家与企业、企业经营者与职工之间的利益差别，在安全管理方面也有所体现。它表现为生产与安全、效益与安全、局部效益与社会效益、眼前利益与长远利益的矛盾。企业经营者往往容易片面追求质量、利润、产量等，而忽视职工的安全与健康。在这种情况下，必须设立安全生产监督管理部门，配备合格的监督人员，赋予必要的强制权力，以保证其履行监督职责，保证安全管理工作落到实处。

1.3.6　安全责任稀释理论

安全责任稀释理论：安全生产，人人有责。

1957 年实施的《安全生产责任制度》规定，"安全生产，人人有责"。"安全生产，人人有责"八字方针，就是要企业做到安全生产责任制，严格执行生产过程安全责任追究制度，生产过程中，人人对安全负责。现今很多企业遇有安全问题就归咎于安全管理部门，归咎于某一个安全管理人员，这是安全管理上最大的误区，"管生产，管安全，生产人员即为安全人员"就是说每个生产人员对自己范围内的安全负责。

实行"一岗双责"制度，每一位生产人员既对生产负责，也对安全负责。传统"一岗双责"制度认为，领导者既要管生产，也要管安全。安全责任稀释理论认为，每一位职工既负责生产，也负责安全。

传统的安全责任观念认为，安全是领导者的责任，领导既管生产又管安全，企业的安全责任由领导或安全部门承担，普通职工只负责生产，安全与其无关。因此，领导者的安全责任重如泰山，普通职工的安全责任轻如鸿毛。安全责任稀释理论认为，安全生产，人人有责，企业安全既是企业领导的责任，也是部门领导的责任，更是普通职工的责任，人人都对安全负责。因此，企业领导的安全责任不再重如泰山，普通职工的安全责任不再轻如鸿毛，每个人都承担相应的责任，人人都对安全负责。该模型如图 1-12 所示。

实施安全"安全生产，人人有责"要做到"横向到边，纵向到底"。

首先是横向到边，要将所有的单位和部门都纳入到安全管理的体系当中。而安全管理的各项规章制度、管理活动的运行和检查、考核，本身也是一种体系化的运作，是一个综合的整体，节点就是各个单位、部门之间的各负其责、相互协调、相互配合与促进。

其次就是纵向到底，每一名职工都和企业安全和自身安全息息相关，安全责任落实到每一名职工。职位不分高低，责任不分大小，不管是谁，在责任面前一律平等，每位职工都承担相应的安全责任，只要一位职工发生了伤害或事故，都将使整个企业处于不利的位置。因此，需要建立责任体系，实现人人有责。表 1-3 是某企业安全管理责任权重体系矩阵表。

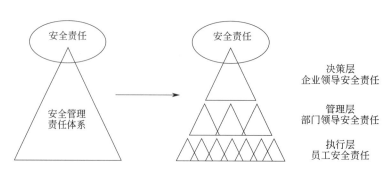

图 1-12　安全责任稀释模型

表 1-3　某企业安全管理责任权重体系矩阵表

类型系数层次	领导或责任人(20%)		业务主管人员(30%)		安全专管人员(50%)	
	角色	权重	角色	权重	角色	权重
1(40%)	班组长	0.08	项目负责人	0.12	现场安全员	0.20
2(30%)	队长或车间主任	0.06	业务分管或值班经理	0.09	车间安全员或负责人	0.15
3(20%)	分公司或分厂	0.04	分公司分管领导	0.06	安全环保部门负责人	0.10
4(10%)	公司或总厂	0.03	分管领导或部门负责人	0.03	安全总监	0.05

1.4　职业安全健康管理标准与体系

1.4.1　管理体系标准

　　自 20 世纪 80 年代末开始，一些发达国家率先开展了研究及实施职业安全健康管理体系的活动，国际标准化组织（ISO）及国际劳工组织（ILO）研究和讨论职业安全健康管理体系标准化问题，许多国家也相应建立了自己的工作小组，开展这方面的研究，并在本国或所在地区发展这一标准，为了适应全球日益增加的职业安全健康管理体系认证需求。

　　OHSAS18000（The Occupational Health and Safety Assessment Series）系列标准是由英国标准协会（BSI）、挪威船级社（DNV）等 13 个组织于 1999 年联合推出的国际性标准，在目前 ISO 尚未制定的情况下，它起到了准国际标准的作用，其中的 OHSAS18001 标准是认证性标准，它是组织（企业）建立职业健康安全管理体系的基础，也是企业进行内审和认证机构实施认证审核的主要依据。我国已于 2000 年 11 月 12 日转化为国家标准 GB/T 28001—2001 idt OHSAS18001：1999《职业健康安全管理体系规范》，同年 12 月 20 日国家经济贸易委员会也推出了《职业安全健康管理体系审核规范》，并在我国开展起职业健康安全管理体系认证制度。国家标准《职业健康安全管理体系要求》已于 2011 年 12 月 30 日更新至 GB/T 28001—2011 版本，等同采用 OHSAS18001：2007 新版标准（英文版）翻译，并于 2012 年 2 月 1 日实施。

　　目前，职业安全健康管理体系已被广泛关注，包括组织的员工和多元化的相关方（如居民、社会团体、供方、顾客、投资方、签约者、保险公司等）。标准要求组织建立并保持职业安全与卫生管理体系，识别危险源并进行风险评价，制定相应的控制对策和程序，以达到法律法规要求并持续改进。在组织内部，体系的实施以组织全员（包括派出的职员、各协力部门的职员）活动为原则，并在一个统一的方针下开展活动，这一方针应为职业安全健康管理工作提供框架和指导作用，同时要向全体相关方公开。到目前为止，我国已经建立了较为完善的 OHSAS 法律法规体系，具体内容见图 1-13。

　　职业安全健康管理体系是指为建立职业安全健康方针和目标以及实现这些目标所制定的一系列相互联系或相互作用的要素。它是职业安全健康管理活动的一种方式，包括影响职业安全健康绩效的重点活动与职责以及绩效测量的方法。职业安全健康管理体系的运行模式可以追溯到一系列的系统思想，最主要的是 Edward Denting 的 PDCA（即策划、实施、评价改进）概念，在此概念的基础上结合职业安全健康管理活动的特点，不同的职业安全健康管理体系标准提出了基本相似的职业安全健康管理体系运行模式，其核心都是为生产经营单位建立一个动态循环的管理过程，通过周而复始地进行"计划、实施、监测、评审"活动，使体系功能不断加强。它要求组织在实施职业安全卫生管理体系时始终保持持续改进意识，对体系进行不断修正和完善，最终实现预防和控制工伤事故、职业病及其他损失的目标。如 ILO-OSH2011 的运行模式（图 1-14）。OHSAS18001 的运行模式为职业安全健康方针、策划、实施与运行、检查与纠正措施、管理评审。

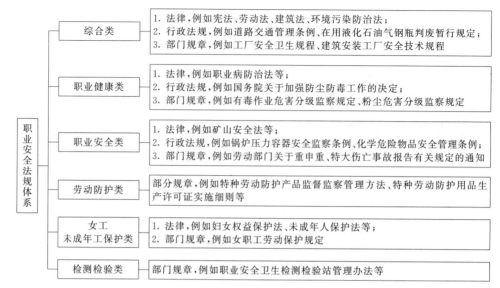

图 1-13 OHSAS 法律法规体系

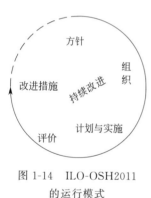

图 1-14 ILO-OSH2011
的运行模式

建立与实施职业安全健康管理体系有助于生产经营单位建立科学的管理机制，采用合理的职业安全健康管理原则与方法，持续改进职业安全健康绩效（包括整体或某一具体职业安全健康绩效），有助于生产经营者积极主动地贯彻执行相关职业安全健康法律法规，并满足其要求，有助于大型生产经营单位（如大型现代联合企业）的职业安全健康管理功能一体化，有助于生产经营单位对潜在事故或紧急情况做出响应，有助于生产经营单位满足市场要求，有助于生产经营单位获得注册或认证。总之，通过实施 OHSAS18001 标准，可最终达到减少意外事故的发生，减少事故的直接、间接经济损失，提高组织的形象和市场竞争力，符合法律、法规的要求。

1.4.2 HSE 管理体系

健康、安全与环境管理体系（HSE 管理体系）是近几年国际工业企业通行的管理体系。

HSE 管理体系是系统安全工程理念和技术在企业健康、安全与环境管理中的具体应用。HSE 管理体系的基本原理是戴明（PDCA）管理模式。

工业企业生产和经营中会产生健康、安全和环境风险，健康、安全与环境管理在原则和效果上相辅相成，有着不可分割的联系。HSE 管理体系是将组织实施健康、安全与环境管理的组织机构、职责、做法、程序、过程和资源等要素有机构成的整体，这些要素通过先进、科学、系统的运行模式有机地融合在一起，相互关联、相互作用，形成动态管理体系。该体系突出预防为主、领导承诺、全员参与、持续改进的科学管理思想，是工业企业管理现代化，走向国际大市场的准入证。

1.4.2.1 HSE 管理体系基本术语

HSE 管理术语的标准化成为健康、安全与环境管理标准化活动中不可缺少的重要环节。HSE 管理的基本术语主要有以下几个。

（1）要素　健康、安全与环境管理中的关键因素。

（2）事故（专指损伤事故）　造成死亡、职业病、伤害、财产损失或环境破坏的事件。

（3）危害　可能造成人员伤害、职业病、财产损失、作业环境破坏的根源或状态。

（4）风险　发生特定危害的可能性或发生事件结果的严重性。

（5）风险评价　依照现有的专业经验、评价标准和准则，对危害分析结果做出判断的过程。

（6）审核　判别管理活动和有关过程是否符合计划安排，这些安排是否得到有效实施，系统地验证企业实施健康、安全与环境方针和战略目标的过程。

（7）评审　高层管理者对健康、安全与环境管理体系的适应性及其执行情况进行正式评审。评审包括有关健康、安全与环境管理中存在的问题及方针、法规以及因外部条件改变而提出的新目标。

（8）资源　实施健康、安全与环境管理体系所需的人员、资金、设施、设备、技术和方法等。

（9）健康、安全与环境管理体系　指实施健康、安全与环境管理的组织机构、职责、做法、程序、过程和资源等构成的整体。

（10）不符合　任何能够直接或间接造成伤亡、职业病、财产损失、环境污染事件，违背作业标准、规程、规章的行为，与管理体系要求产生的偏差等。

（11）管理者代表　由公司最高领导者任命，在公司内代表最高领导者履行 HSE 管理职能的人员。

1.4.2.2　HSE 管理体系的构建

（1）领导决策和准备　首先需要最高管理者做出承诺，即遵守有关法律、法规和其他要求的承诺，以及实现持续改进的承诺。在体系建立和实施期间，最高管理者必须为此提供必要的资源保障。

建立和实施 HSE 管理体系是一个十分复杂的系统工程，最高管理者应任命 HSE 管理者代表，具体负责 HSE 管理体系的日常工作。

最高管理者还应授权管理者代表成立一个专门的工作小组，完成企业的初始状态评审以及建立 HSE 管理体系的各项任务。

（2）教育培训　HSE 管理体系标准的教育培训，是开始建立 HSE 管理体系十分重要的工作。培训工作要分层次、分阶段、循序渐进地进行，并且必须是全员培训。

（3）制定工作计划　通常情况下，建立 HSE 管理体系需要一年以上的时间，因此，需要制定总计划和详细的工作计划。制定工作计划要目标明确、控制进程、突出重点。总计划批准后，就可制定每项具体工作的分计划。同时，还要提出资源需求，报最高管理层批准。

（4）初始状态评审　初始状态评审是建立 HSE 管理体系的基础，主要目的是了解企业的 HSE 管理现状，为企业建立 HSE 管理体系收集信息并提供依据。

（5）危险辨识和风险评价　危险辨识是整个 HSE 管理体系建立的基础。主要分为危害识别、风险评价和隐患治理。

（6）体系策划与设计　主要任务是依据初始评审的结论，制定 HSE 方针、目标、指标和管理方案，并补充、完善、明确或重新划分组织机构和职责。

（7）编写体系文件　HSE 管理体系是一套文件化的管理制度和方法，因此，编写体系文件是企业建立 HSE 管理体系不可缺少的内容，是一项重要的基础工作，也是企业达到预定的 HSE 方针、评价和改进 HSE 管理体系、实现持续改进和事故预防必不可少的依据。

（8）体系的试运行和正式运行　体系文件编制完成以后，HSE 管理体系将进入试运行阶段。试运行的目的就是要在实践中检验体系的充分性、适用性和有效性。试运行阶段，企业应加大运作力度，特别是要加强体系文件的宣传贯彻力度，使全体员工了解如何按照体系文件的要求去做，并通过体系文件的实施，及时发现问题，找出问题的根源，采取纠偏措施，及时对体系文件进行修改。

体系文件得到了进一步完善后，可以进入正式运行阶段。在正式运行阶段发现体系文件不适宜之处，就需要按照规定的程序和要求进行补充、完善以实现持续改进的目的。

（9）内部审核　内部审核是企业对其自身的 HSE 管理体系所进行的审核，是对体系是否正常运行以及是否达到预定的目标等所做的系统性的验证过程，是 HSE 管理体系的一种自我保证手段。内部审核一般是对体系全部要素进行的全面审核，可采用集中式和滚动式两种方式。应由与被审核对象无直接责任或利害关系的人员来实施，以保证审核的客观、公正和独立性。

（10）管理评审　管理评审是由企业的最高管理者定期对 HSE 管理体系进行的系统评价，一般每年进行一次，通常发生在内部审核之后和第三方审核之前。目的在于确保管理体系的持续适用性、充分性和有效性，并提出新的要求和方向，以实现 HSE 管理体系的持续改进。

1.4.3　OHS 管理体系

职业安全健康管理体系（OHS 管理体系）要求把企业 OHS 管理中的计划、组织、实施和检查、监控等活动，集中、归纳、分解和转化为相应的文件化的目标、程序和作业文件。OHS 管理体系的基本思想是通过持续有效改进，最终实现预防和控制工伤事故、职业病及其他损失的目标。

1.4.3.1　OHS 管理体系基本术语

（1）事故（accident）　事故是造成死亡、疾病、伤害、财产损失或其他损失的意外情况。

（2）审核（audit）　审核是为获得证据和客观评价所确定的准则是否被满足的系统、独立和文件化的验证过程。

（3）持续改进（continual improvement）　持续改进是为改进职业健康安全总体绩效，根据职业健康安全方针，组织强化职业健康安全管理体系的过程。该过程不必同时发生于所有的活动领域。

（4）危险源（hazard）　危险源是可能导致伤害或疾病、财产损失、工作环境破坏或这些情况的根源或状态。

（5）危险源辨识（hazard identification）　危险源辨识是识别危险源的存在并确定其特性的过程。

（6）事件（incident）　事件是造成或可能导致事故的情况。

（7）相关方（interested parties）　相关方是与组织的职业健康安全绩效有关或受其职业健康安全绩效影响的个人或团体。

（8）承包方（contractor）　承包方是在组织的作业现场按照双方协定的要求、期限及条件向组织提供服务的个人或组织。

（9）不符合（non-conformance）　不符合是任何与工作标准、惯例、程序、方法、法规、管理体系绩效等的偏离，其结果能够直接或间接导致伤害或疾病、财产损失、工作环境破坏或这些情况的组合。

（10）目标（objectives）　目标是组织在职业健康安全绩效方面所要达到的目的。

（11）职业健康安全（occupational health and safety）　职业健康安全是影响工作场所内员工、临时工作员工、合同方人员、访问者和其他人员健康和安全的条件和因素。

（12）职业健康安全管理体系（occupational health and safety management system）职业健康安全管理体系是总的管理体系的一部分，便于组织对其业务相关的职业健康安全风险的管理。它包括为制定、实施、实现、评审和保持职业健康安全方针所需的组织机构、策划活动、职责、惯例、程序、过程和资源。

（13）组织（organization）　组织是具有自身职能和行政管理的企业、事业单位或社团。

（14）员工代表（workers' representative）　员工代表是指工会代表，即由工会或其成员指定或推选的代表或选举代表，即依照国家法律法规或集体决议，由员工自由选举出的代表。

（15）员工的安全健康代表（workers' safety and health representative）　员工安全健康代表是员工根据国家法律、法规和惯例选举或指定的在作业场所职业健康安全问题上代表员工利益的人。

（16）绩效（performance）　绩效是基于职业健康安全方针和目标，与组织的职业健康安全风险控制有关的，职业健康安全管理体系的可测量结果。

（17）主动测量（active monitoring）　主动测量是根据确定的标准检查危害和风险预防与控制措施，以及为实施职业健康安全管理体系所进行的活动。

（18）被动测量（reactive monitoring）　被动测量是对危害和风险的预防与控制措施、职业健康安全管理体系中的不足，如伤亡、疾病和事件等，进行检查、识别的过程。

（19）风险（risk）　风险是某一特定危险情况发生的可能性和后果的组合。

（20）风险评价（risk assessment）　风险评价是评估风险大小以及确定风险是否可容许的全过程。

（21）安全（safety）　安全是免除了不可接受的损害风险的状态。

（22）可容许风险（tolerable risk）　可容许风险是根据组织的法律义务和职业健康安全方针，已降至组织可接受程度的风险。

1.4.3.2　OHS 管理体系的构建

建立 OHS 管理体系一般要经过 OHS 管理体系标准培训、制定计划、OSH 管理体系现状的评估（初始评审）、OHS 管理体系设计、OHS 管理体系文件编写、体系运行、内审、管理性复查（或称管理评审）、纠正不符合规定的情况、外部审核等基本步骤。

由于体系建立和实施将涉及用人单位的方方面面，最高管理者应任命 OSH 管理体系代表，代表自己负责体系的管理工作，并至少赋予他（或他们）如下职权：按标准要求建立、实施和维护 OHS 管理体系；向最高管理层汇报体系的运行情况，供管理层评审，并为体系的改进提供依据协调体系建立和运行过程中各部门间的关系。

最高管理者应授权 OSH 管理体系代表组建一个精干的工作班子，以完成初始评审及建立 OHS 管理体系的工作。工作班子成员应具备安全科学技术、管理科学和生产技术等方面的知识，对用人单位有较深的了解，并且来自用人单位的不同部门。

工作班子成员在全面开展工作之前，应接受 OHS 管理体系及相关知识培训。最高管理者应为体系建立提供其他资源，如工作班子成员的时间、硬件及软件投入所需的资金、办公条件、配合部门、信息资源等。

第 2 章
系统安全评价

安全评价是安全系统工程的重要组成部分之一，是一种行之有效的管理方法。随着科技的进步和社会经济的发展，生产规模日益扩大，新工艺、新产品、新材料的应用，使得系统越来越复杂，系统中微小的差错就可能引起巨大能量的意外释放，导致灾难性事故。如何能以最优的安全投资获得最低事故率，从而减少事故损失，已成为人们关注的问题。安全评价技术的出现使问题的解决成为可能。

2.1　系统安全评价概述

任何系统在其生命周期内部都有发生事故的可能，区别只在于发生频率和损失严重度不同而已。因为在系统的规划、设计、制造、试验、安装、使用等各个阶段都可能产生各种类型的危险因素。在一定条件下，如果对危险因素失去控制或防范不周，就会发展为事故，造成人员伤亡和财产损失。为了抑制危险因素，使其不发展为事故或减少事故损失，就必须对它们有充分认识，掌握危险因素发展为事故的规律。也就是要充分揭示系统存在的所有危险因素及其形成事故的可能性和发生事故造成的损失大小，进而衡量系统的事故风险大小，据此确定是否需要进行系统的技术改造和采取防范措施。变更后的系统危险因素能否得到有效控制，技术上是否可行，经济上是否合理，以及系统是否最终达到了社会认可的安全指标。这些就是安全评价的基本内容和过程。

2.1.1　系统安全评价的目的和意义

系统安全评价的目的是查找、分析和预测工程、系统存在的危险、有害因素及可能导致的危险、危害后果和程度，提出合理可行的安全对策措施，指导危险源监控和事故预防，以达到最低事故率、最少损失和最优的安全投资效益。安全评价要达到的目的包括以下四个方面。

（1）促进实现本质安全化生产。

（2）实现全过程安全控制。

（3）建立系统安全的最优方案，为决策者提供依据。

（4）为实现安全技术、安全管理的标准化和科学化创造条件。

　　系统安全评价的意义在于可有效地预防事故发生，减少财产损失以及人员伤亡和伤害。安全评价与日常安全管理和安全监督监察工作不同，安全评价是从技术带来的负面效应出发，分析、论证和评估由此产生的损失和伤害的可能性、影响范围、严重程度及应采取的对策措施等。主要具有以下几方面的意义。

　　（1）安全评价是安全生产管理的一个必要组成部分。

　　（2）有助于政府安全监督管理部门对生产经营单位的安全生产实行宏观控制。

　　（3）有助于安全投资的合理选择。

　　（4）有助于提高生产经营单位的安全管理水平。

　　（5）有助于生产经营单位提高经济效益。

2.1.2　系统安全评价的依据

　　安全评价是政策性很强的一项工作，必须依据我国现行的法律、法规和技术标准，以保证被评价项目的安全运行，保障劳动者在劳动过程中的安全与健康。安全评价涉及的现行主要法规、标准等可随法规、标准条文的修改或新法规、标准的出台而变动。

　　安全法规的规范性文件主要包括宪法、法律、行政法规、部门规章、地方法规和地方规章以及国际法律文件六种。安全评价目前所依据的主要法规有以下几个。

　　（1）《中华人民共和国劳动法》。

　　（2）《中华人民共和国安全生产法》。

　　（3）《中华人民共和国矿山安全法》。

　　（4）国家安全生产监督管理局、国家煤矿安全监察局《关于加强安全评价机构管理的意见》（安监管技装字［2002］45号）。

　　（5）国家安全生产监督管理总局《安全评价通则》（AQ 8001—2007）。

　　安全评价依据的标准众多，不同行业会涉及不同的标准，难以一一列出。应注意的是，标准有可能更新，应注意使用最新版本的标准。

2.1.3　系统安全评价的原理和原则

　　系统安全评价的首要任务是探索和掌握系统安全的变化规律，并赋予其量的概念，然后才能据此评价系统安全状况、危险程度和采取必要的安全措施，以达到预期的安全目标。如何掌握这种变化规律和预测可能的结果，很重要的一点就是建立评价模型，并根据所取得的评价数据确定评价结果，给系统安全程度以量的表示。按照评价结果，决定应采取的措施。这些都需要在正确的评价原理指导下才能进行。

　　安全评价基本原理主要包括：相关性原理、类推原理、惯性原理、量变到质变原理。

　　系统安全评价是落实"安全第一、预防为主、综合治理"方针的重要技术保障，是安全生产监督管理的重要手段。安全评价工作以国家有关安全的方针、政策和法律、法规、标准为依据，运用定量和定性的方法对建设项目或生产经营单位存在的职业危险、有害因素进行识别、分析和评价，提出预防、控制、治理对策措施，为建设单位或生产经营单位减少事故发生的风险以及政府主管部门进行安全生产监督管理提供科学依据。

　　安全评价是关系到被评价项目能否符合国家规定的安全标准，能否保障劳动者安全与健康的关键性工作。由于这项工作不但具有较复杂的技术性，而且还有很强的政策性，因此，要做好这项工作，必须以被评价项目的具体情况为基础，以国家安全法规及有关技术标准为依据，用严肃的科学态度、认真负责的精神、强烈的责任感和事业心，全面、仔细、深入地开展和完成评价任务。系统安全评价时，应注意以下几点。

（1）不可能完全根除一切危害和危险。

（2）可能减少来自现有的危害和危险。

（3）可能减少全面的危险而不是彻底根除几种选定的危险。

在安全评价工作中必须自始至终遵循合法性、科学性、公正性和针对性原则。

2.1.4　系统安全评价的程序

安全评价程序主要包括：准备阶段，危险、有害因素识别与分析，定性、定量评价，提出安全对策措施，形成安全评价结论及建议，编制安全评价报告，如图 2-1 所示。

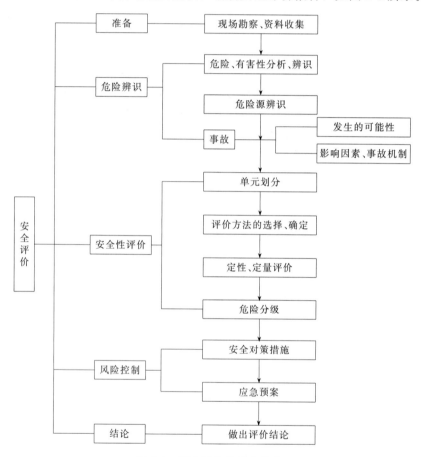

图 2-1　安全评价的基本程序

（1）准备阶段　明确被评价对象和范围，收集国内外相关法律法规、技术标准及工程、系统的技术资料。

（2）危险、有害因素识别与分析　根据被评价的工程、系统的情况，识别和分析危险、有害因素存在的部位、存在的方式、事故发生的途径及其变化的规律。

（3）定性、定量评价　在危险、有害因素识别与分析的基础上，划分评价单元，选择合理的评价方法，对工程、系统发生事故的可能性和严重程度进行定性、定量评价。

（4）安全对策措施　根据定性、定量评价结果，提出消除或减弱危险、有害因素的技术和管理措施及建议。

（5）评价结论及建议　简要地列出主要危险、有害因素的评价结果，指出工程、系统应重点防范的重大危险因素，明确生产经营者应重视的重要安全措施。

（6）安全评价报告的编制　依据安全评价的结果编制相应的安全评价报告。

2.2　危险源

2.2.1　危险和有害因素

安全是人类的源文化之一，从人类狩猎开始，安全一直是人类的第一需要，随着工业生产的产业化。生产装置的集成度越来越高，自动化控制、智能化控制使生产过程的安全性得到了较大的提高。但是，事故还是不断发生，不安全因素仍大量存在。把事故发生频率降到最低限度，达到在生产劳动中保护职工安全与健康的目的，是人们追求的目标。危险源辨识是防止发生生产事故的第一步，是企业、政府安全管理和相关人员进行安全工作的基础。

危险因素是指能对人造成伤亡或对物造成突发性损害的因素（强调社会性和瞬间作用）。危害因素也称为有害因素，是指影响人的身体健康、导致疾病或者对物造成慢性损坏的因素（强调一定时间的积累作用），主要指客观存在的危险、有害物质或能量超过人们控制范围的设备、设施和场所等。人们通常对两者不加以区分，统称为危险和有害因素（或危险和危害因素、危险有害因素），主要指客观存在的危险危害物质或能量超过可承受值的设备、设施和场所等。

危险和有害因素是普遍存在的，人们之所以感觉安全是因为这些危险和有害因素均在人们的控制之中。当危险和有害因素失去控制，人们就会感到危险的存在甚至受到伤害。危险和有害因素尽管有各种各样的表现形式，但从本质上讲，之所以能造成有害的后果，都可以归结为能量和有害物质的存在。产生危险的实质是能量、危险物质失去控制或两方面因素的综合作用，导致能量的意外释放和有害物质的泄漏、挥发的结果。因此，能量、有害物质失去控制是危险因素产生的根本原因。

能量是物体做功的本领，能量守恒定律的发现告诉我们，尽管物质世界千变万化，它的外在形式均可以以能量的形式表现出来，机械能、光能、电能、化学能、生物能等已给我们的生活带来了幸福和方便，但火灾、爆炸事故、地震等能量的意外释放也给人类造成了伤亡和财产损失。由此可见的能量供体和载体在特定的条件下都可能是危险和有害因素。例如，汽车使用汽油或柴油进行行驶的过程、锅炉的使用、强烈放热反应工艺装置、高处作业等均存在能量的使用和相互转换，能量的有序转换会给人类造福，若出现失控将引发灾难。

有害物质是指能损伤人体的生理机能和正常代谢功能、破坏设备和物品的物质。有毒物质、腐蚀性物质、放射性物质、有害粉尘和窒息性气体等都是有害物质。工业上常见的有害物质有铬、汞、氯、氟、酚、氰化物、镉、砷、烟尘、粉煤灰、硫铁矿渣、高炉渣、放射性物质及其他众多的有害物质。

危险和有害因素总体上可分为自然界的危险和有害因素、工业生产过程的危险和有害因素。

自然界的危险和有害因素主要为地震、泥石流、滑坡、海啸、飓风、暴风等，这些危险和有害因素对生产过程的影响多为灾难，在此不再详细讨论。工业生产过程的危险和有害因素的分类方式很多，主要的分类标准有《生产过程危险和有害因素分类与代码》（GB/T 13861—2009）和《企业职工伤亡事故分类》（GB 66441—1986）。

按照《生产过程危险和有害因素分类与代码》（GB/T 13861—2009）分类。

（1）人的因素　企业生产活动的主体是人，人的不安全行为是许多事故发生的根本因素。人的不安全行为是指职工在劳动过程中，违反劳动纪律、操作程序和方法等具有危险性的行为所产生的不良后果。

我国《生产过程危险和有害因素分类与代码》（GB/T 13861—2009）将人的因素分为心理、生理性危险和有害因素、行为性危险和有害因素。

心理、生理性危险和有害因素包括：负荷超限（体力负荷超限、听力负荷超限、视力负荷超限、其他负荷超限）；健康状况异常；从事紧急作业；心理异常（情绪异常、冒险心理、过度紧张、其他心理异常）；辨识功能缺陷（感知延迟、辨识错误、其他辨识功能缺陷）；其他心理、生理性危险和有害因素。

行为性危险和有害因素包括：指挥错误（违章指挥、其他指挥错误）；监护失误；其他行为性危险和有害因素（如脱岗、违章串岗等）。

（2）物的因素 工业企业生产设备的安全性，物料存放、输送、使用的安全程度对总体安全有着至关重要的作用。

我国《生产过程危险和有害因素分类与代码》（GB/T 13861—2009）将物的因素分为物理性危险和有害因素、化学性危险和有害因素、生物性危险和有害因素。

物理性危险和有害因素包括：设备、设施、工具、附件缺陷；防护缺陷；电伤害；噪声；振动危害；电离辐射；非电离辐射；运动物伤害；磷火；高温物体；低温物体；信号缺陷；标志缺陷；有害光照；其他物理性危险和有害因素。

化学性危险和有害因素可按《化学品分类和危险性公示通则》（GB 13690—2009）分为3大类。具体分类如下。

① 理化危险。爆炸物；易燃气体；易燃气溶胶；氧化性气体；压力下气体；易燃液体；易燃固体；自反应物质或混合物；自燃液体；自燃固体；自热物质和混合物；遇水放出易燃气体的物质或混合物；氧化性液体；氧化性固体；有机过氧化物；金属腐蚀物。

② 健康危险。急性毒性；皮肤腐蚀/刺激；严重眼睛损伤/眼刺激；呼吸或皮肤过敏；生殖细胞致突变性；致癌性；生殖毒性；特异性靶器官系统毒性——一次接触；特异性靶器官系统毒性——反复接触；吸入危险。

③ 环境危险。急性水生毒性；生物积累潜力；快速降解性；慢性水生毒性。

生物性危险和有害因素包括：致病微生物（细菌、病毒、真菌、其他致病微生物）；传染病媒介物；致害动物；致害植物；其他生物性危险和有害因素。生物性危险和有害因素在工业生产过程中也大量存在，如工业企业循环水系统常存在军团菌，食品生产企业、生物化工企业可能存在致病菌，野外长输管道的人员巡查活动中会存在致害动物、致害植物等。

（3）环境因素 我国《生产过程危险和有害因素分类与代码》（GB/T 13861—2009）将环境因素（包括室内、室外、地上、地下、水上、水下等作业施工）分为室内作业场所环境不良、室外作业场所环境不良、地下作业场所环境不良、其他作业场所环境不良。

室内作业场所环境不良包括：室内地面滑；室内作业场所狭窄；室内作业场所杂乱；室内地面不平；室内梯架缺陷（包括楼梯、阶梯、电动梯和活动梯架，以及这些设备的扶手、护栏、护网钉）；地面、墙和天花板上的开口缺陷（包括电梯井、修车坑、门窗开口、检修孔、孔洞、排水沟等）；房屋基础下沉；室内安全通道缺陷（包括无安全出口、设置不合理等）；采光照明不良（指照度不足或过强、烟尘弥漫影响照明等）；作业环境空气不良；室内温度、湿度、气压不适；室内给排水不良；室内涌水；其他室内作业环境不良。

室外作业场所环境不良包括：恶劣气候与环境；作业场地和交通设施湿滑；作业场所狭窄；作业场所杂乱；作业场地不平；航道狭窄、有暗礁或险滩；脚手架、阶梯和活动梯架缺陷；地面开口缺陷；建筑物和其他结构缺陷；门和围栏缺陷；作业场地基础下沉；作业场地安全通道缺陷；作业场所安全出口缺陷；作业场所光照不良；作业场所空气不良；作业场地温度、湿度、气压不适；作业场地涌水；其他室外作业环境不良。

地下作业场所环境不良包括：隧道/矿井顶面缺陷；隧道/矿井正面或侧壁缺陷；隧道/矿井地面缺陷；地下作业面空气不良；地下火；冲击地压；地下水；水下作业供氧不当；其他地下作业环境不良。

其他作业场所环境不良主要为强迫体位、综合性作业环境不良等。

（4）管理因素　《生产过程危险和有害因素分类与代码》（GB/T 13861—2009）将管理因素分为：职业安全卫生组织机构不健全；职业安全卫生责任制未落实；职业安全卫生管理规章制度不完善（建设项目"三同时"制度未落实、操作规程不规范、事故应急预案及响应缺陷、培训制度不完善、其他职业安全卫生管理规章制度不健全）；职业安全卫生投入不足；职业健康管理不完善；其他管理因素缺陷。

在管理因素中安全管理是其重点，企业安全管理的及时、有效是实现企业本质安全的安全管理的关键所在，也是实现既定目标的保证。管理缺陷通常表现为违章指挥、违章作业、违反劳动纪律以及物的不安全状态等。通过加强安全管理，不但可能杜绝或减少事故损失和人员伤亡，同时还可能节省保险费用、雇员因工受伤索取补偿和其他相关费用，节省了巨额的开支。如工伤意外，不论其性质如何轻微，都会带来一连串的开支。这包括受伤雇员的补偿金、政府判决的罚款和其他刑罚，以及受伤雇员和其他员工的工作时间损失，在连续的系列工程中发生严重意外，甚至会延误工程的完成工期，给企业带来严重的财政影响和损失。安全基础管理缺陷主要表现在以下几个方面：①对安全生产管理复杂性认识不足以及管理上的缺陷导致形式主义；②安全生产和安全管理上存在薄弱环节；③对设备、作业环境的安全没有实施全过程、全方位的管理；④安全管理上"制度管人""人管人"等"硬管理"和注重文化建设的"软管理"没有很好地融合。

安全管理在企业管理中是非常重要的，是在预测、分析危险和有害因素的基础上进行的计划、组织、协调、检查等工作，是预防故障和人员失误发生的有效手段。做安全管理工作就是要完成两个永恒的主题：一是把事故率降下来，即把企业的伤亡率和损失降到最低限度；二是使人、设备、设施、综合管理、环境等要素有机结合。

2.2.2　重大危险源

自 20 世纪 70 年代以来，在工业生产特别是化学品生产、储存、使用、运输过程中，重大火灾、爆炸、泄漏等重大事故频频发生。1974 年 6 月，英国弗利克斯巴勒的化工厂发生严重爆炸事故后，为改变事故频发和有效预防重大事故的发生，英国卫生与安全委员会设立了重大危险咨询委员会（简称 ACMH），该委员会负责研究重大危险源的辨识评价技术和控制措施，开始系统地研究重大危险源的控制技术。1976 年，ACMH 首次提出重大危险源标准，在该标准中提出了 8 类危险物质及其相关事故物质的量，1979 年和 1984 年又对该标准进行了修改，在辨识标准中提出了 4 类共 25 种物质及临界量。1982 年，欧共体颁布了《工业活动中重大事故危险法令》（82/501/EEC），简称《塞韦索法令》，该法令列出了 180 种物质及其临界量。经过几年的运行，1996 年，欧共体对《塞韦索法令》进行了修订，提出的《塞韦索法令》修正版中新增了 39 种物质和临界量。

与此同时，美国、澳大利亚等国家也颁布了重大危险源控制的国家标准。1993 年 6 月，第 80 届国际劳工大会通过了《预防重大工业事故公约》，该公约中也明确了重大危险源的概念。亚太地区的印度、印度尼西亚、泰国、马来西亚和巴基斯坦等国家也逐步建立了国家重大危险源控制系统。

我国对于重大危险源控制的研究工作开始于 20 世纪 90 年代，并列入了国家"八五"发展计划，1997 年开始在全国的六大城市即北京、上海、天津、青岛、深圳和成都进行重大危险源的普查试点，2000 年颁布了《重大危险源辨识》（GB 18218—2000）的国家标准，为我国重大危险源的辨识提供了基础的法律依据。而后又在此基础上进行了修订，颁布了《危险化学品重大危险源辨识》（GB 18218—2009）的国家标准。

2.2.3　工业生产过程中主要危险环境

工业生产过程中主要危险环境为火灾危险环境、爆炸危险环境、有毒危险作业场所、粉尘危险作业场所、高温危险作业场所和高处危险作业场所等。

（1）火灾危险环境　按照《建筑设计防火规范》（GB 50016—2014）的规定，火灾危险性分为生产的火灾危险性和储存物品的火灾危险性，分类标准分别见表 2-1 和表 2-2。

表 2-1　生产的火灾危险性分类

生产类别	火灾危险性特征	
	项别	使用或产生下列物质的生产
甲	1	闪点低于 28℃ 的液体
	2	爆炸下限小于 10% 的气体
	3	常温下能自行分解或在空气中氧化能导致迅速自燃或爆炸的物质
	4	常温下受到水或空气中水蒸气的作用能产生可燃气体并引起燃烧或爆炸的物质
	5	遇酸、受热、撞击、摩擦、催化以及遇有机物或硫黄等易燃的无机物，极易引起燃烧或爆炸的强氧化剂
	6	受撞击、摩擦或与氧化剂、有机物接触时能引起燃烧或爆炸的物质
	7	在密闭设备内操作温度高于等于物质本身自燃点的生产
乙	1	闪点高于等于 28℃，但低于 60℃ 的液体
	2	爆炸下限大于等于 10% 的气体
	3	不属于甲类的氧化剂
	4	不属于甲类的化学易燃危险固体
	5	助燃气体
	6	能与空气形成爆炸性混合物的浮游状态的粉尘、纤维，闪点高于等于 60℃ 的液体雾滴
丙	1	闪点高于等于 60℃ 的液体
	2	可燃固体
丁	1	对不燃烧物质进行加工，并在高温或熔化状态下经常产生强辐射热、火花或火焰的生产
	2	利用气体、液体、固体作为燃料或将气体、液体进行燃烧作其他用的各种生产
	3	常温下使用或加工难燃烧物质的生产
戊		常温下使用或加工不燃烧物质的生产

表 2-2　储存物品的火灾危险性分类

仓库类别	项别	储存物品的火灾危险性特征
甲	1	闪点低于 28℃ 的液体
	2	爆炸下限小于 10% 的气体，以及受到水或空气中蒸气的作用能产生爆炸下限小于 10% 气体的固体
	3	常温下能自行分解或在空气中氧化能导致迅速自燃或爆炸的物质
	4	常温下受到水或空气中水蒸气的作用能产生可燃气体并引起燃烧或爆炸的物质
	5	遇酸、受热、撞击、摩擦以及遇有机物或硫黄等易燃的无机物，极易引起燃烧或爆炸的强氧化剂
	6	受撞击、摩擦或与氧化剂、有机物接触时能引起燃烧或爆炸的物质
乙	1	闪点高于等于 28℃，但低于 60℃ 的液体
	2	爆炸下限大于等于 10% 的气体
	3	不属于甲类的氧化剂
	4	不属于甲类的化学易燃危险固体
	5	助燃气体
	6	常温下与空气接触能缓慢氧化，积热不散引起自燃的物品

仓库类别	项别	储存物品的火灾危险性特征
丙	1	闪点高于等于60℃的液体
	2	可燃固体
丁		难燃烧物品
戊		不燃烧物品

（2）爆炸危险环境　爆炸危险环境是指在大气条件下，气体、蒸气、薄雾或粉尘可燃物质与空气形成混合物，点燃后，燃烧将传至全部未燃混合物的环境。

爆炸危险环境的分类标准为《爆炸和火灾危险环境电力装置设计规范》（GB 50058—1992），该标准将爆炸危险环境分为爆炸性气体危险环境和爆炸性粉尘危险环境。

（3）粉尘危险作业场所　粉尘危险作业场所程度分级依据的技术标准为《粉尘作业场所危险程度分级》（GB/T 5817—2009）。以粉尘超标倍数作为粉尘作业场所危害程度的分级指标，分为0、1、2三个等级。当$B \leqslant 0$时，危害程度等级为0级（达标级）；当$0 < B \leqslant 3$时，危害程度等级为1级（超标级）；当$B > 3$时，危害程度等级为2级（严重超标级）。粉尘超标倍数的计算公式为：

$$B = \frac{C_{\text{TWA}}}{C_{\text{PC-TWA}}} - 1 \tag{2-1}$$

式中　B——超标倍数；

C_{TWA}——8h工作日接触粉尘的时间加权平均密度，mg/m^3；

$C_{\text{PC-TWA}}$——作业场所空气中粉尘容许浓度，mg/m^3。

（4）其他危险作业环境　除上述三种危险作业场所外，工业生产过程中的危险环境还包括有毒危险作业场所、高温危险作业场所、高处危险作业场所及其他危险作业场所等。

2.3　危险源辨识方法与原则

2.3.1　危险和有害因素的辨识原则

危险和有害因素的辨识应遵循以下原则。

（1）科学性　危险和有害因素的辨识是分辨、识别、分析确定系统内存在的危险，而并非研究防止事故发生或控制事故发生的实际措施。它是预测安全状态和事故发生途径的一种手段，这就要求在进行危险和有害因素辨识时必须要有科学的安全理论作为指导，使之能真正揭示系统安全状况、危险和有害因素的部位、存在的方式、事故发生的途径及其变化的规律。并予以准确描述，以定性、定量的概念清楚地显示出来，用严密、合乎逻辑的理论予以清楚解释。

（2）系统性　危险和有害因素存在于生产活动的各个方面，因此要对系统进行全面、详细的剖析，研究系统和系统及子系统之间的相关和约束关系；分清主要危险和有害因素及其相关的危险危害性。

（3）全面性　辨识危险和有害因素时不要发生遗漏，以免留下隐患，要从厂址、自然条件、储存运输、建筑物、工艺过程、生产设备装置、特种设备、公用工程、安全设施、安全管理系统和制度等各个方面进行分析、辨识；不仅要分析正常生产运转、操作中存在的危险和有害因素，还要分析、辨识开车、停车、检修、装置受到破坏及操作失误情况下的危险危害后果。

（4）预测性　对于危险和有害因素，还要分析其出现时间，亦即危险和有害因素出现的条件或设想的事故模式。

2.3.2　危险和有害因素辨识单元划分原则

危险和有害因素辨识单元划分主要是掌控一个不遗漏的原则，通常按生产工序或作业岗位分别进行危险和有害因素辨识。辨识时应重点分析导致事故的直接原因和间接原因，对于可能造成严重后果的危险和有害因素，还应分析设备、装置破坏及操作失误可能产生的危险和有害因素。

2.4　重大危险源辨识依据

重大危险源的辨识工作是工业发展的伴生物，各个国家由于各自的工业发展的阶段不同，进行重大危险源的系统研究的进展存在较大差异。重大危险源辨识的目的是通过对系统的分析，界定出系统的哪些区域或部分是危险源，判定其危险的性质、危险程度、危险状况、危险源能量、事故触发因素等。通常把可能发生群死群伤或重大财产损失的不可接受风险的存在确定为重大危险源。

2.4.1　国外主要重大危险源辨识标准

英国是最早系统地研究重大危险设施控制技术的国家。1974 年 6 月，英国弗利克斯巴勒的化工厂发生严重爆炸事故后，英国安全与卫生委员会设立了重大危险咨询委员会（AC-MH）。1976 年，ACMH 首次提出了重大危险设施标准的建议书。1979 年，ACMH 又提出了修改标准，临界量从极毒物质 100g 到一般易燃液体 10000t 不等。

ACMH 等机构在重大危险源辨识、评价方面极富成效的工作，促使欧共体在 1982 年 6 月颁布了《工业活动中重大事故危险法令》（EEC Directive 82/501），简称《塞韦索法令》，该法令列出了 180 种物质及其临界量标准。1996 年 12 月，欧共体通过了 29 种物质及临界量，第二部分列出了 10 类物质及临界量，临界量从极毒物质甲基异氰酸盐 150kg 到极易燃液体 5000t。如果工厂内某一设施或相互关联的一群设施中聚集了超过临界量的上述物质，则将这一设施或一群设施定义为一个重大危险源。表 2-3 列出了欧共体用于重大危险源辨识的重点控制危险物质。

表 2-3　欧共体用于重大危险源辨识的重点控制危险物质

序号	类别	物质名称	临界量
1	一般性易燃物质	易燃气体	200t
		极易燃液体	50000t
2	特殊易燃物质	氢气	50t
		环氧乙烷	50t
3	特殊爆炸性物质	硝铵	2500t
		梯恩梯	10t
		硝酸甘油	10t
4	特殊毒性物质	丙烯腈	200t
		氯气	25t
		硫化氢	50t
		二氧化碳	200t
		氯化氢	250t
		氨气	500t

续表

序号	类别	物质名称	临界量
4	特殊毒性物质	二氧化硫	250t
		氰化物	20t
		氟化氢	50t
		三氧化硫	75t
5	极毒物质	甲基异氰酸盐	150kg
		光气	750kg

国际经济合作与发展组织在 OECD Council Act（88）84 中也列出了表 2-4 所示的 20 种重点控制的危险物质。

表 2-4　OECD 用于重大危险源辨识的重点控制危险物质

序号	类别	物质名称	临界量
1	易燃、易爆或易氧化物质	易燃气体	200t
		环氧乙烷	50t
		硝酸铵	2500t
		极易燃液体	50000t
		氯酸钠	250t
2	毒物	氨气	500t
		甲基异氰酸盐	150kg
		丙烯腈	200t
		乙拌磷	100kg
		杀鼠灵	100kg
		氯气	25t
		二氧化硫	250t
		光气	750kg
		硝苯硫磷脂	100kg
		涕天威	100kg

1992 年美国政府颁布了《高度危险化学品处理过程的安全管理》标准（PSM），该标准定义的处理过程是指涉及一种或一种以上高度危险化学物品的使用、储存、制造、处理、搬运等任何一种活动，或这些活动的结合。在标准中提出了 130 多种化学物质及其临界量。该标准中临界量最小为 100lb❶，最大值为 15000lb。美国劳工部职业安全卫生管理局（OS-HA）估计符合标准要求的重大危险源达 10 万个左右，要求企业必须完成对上述规定危险源的分析和评价工作。随后，美国环境保护署（EPA）颁布了《预防化学泄漏事故的风险管理程序》（RMP）标准，对重大危险源的辨识提出了规定。

1996 年 9 月，澳大利亚国家职业安全卫生委员会颁布了重大危险源控制国家标准。澳大利亚各州将使用该标准作为控制重大工业危险源的立法依据。该标准定义重大危险源为制造、加工、储存或处理超过临界量的特定物质的设备或设施。特定物质是指被确认可能引发重大事故的物质。重大危险设备或设施包括危险物质制造厂、加工厂、永久性或暂时性储库、排列放置场、仓库、运输管路、浮坞结构、码头等。

2.4.2　国内重大危险源辨识依据

根据全国化工系统 1949～1982 年的 13440 个事故案例分析，引起火灾、爆炸和毒物泄漏事故次数超过 10 次的危险物质是一氧化碳（389 次）、乙炔（118 次）、乙醇（23 次）、二

---

❶　1lb＝0.45359237kg。

氧化硫（17 次）、三氯化磷（10 次）、甲烷（11 次）、甲醇（18 次）、汽油（117 次）、沥青油（11 次）、苯（54 次）、苯酚（13 次）、氢气（46 次）、氢氮混合气（14 次）、氨（包括氨水、氨气、液氨，共 182 次）、氧气（27 次）、氯气（包括液氯，共 34 次）、氯乙烯（19次）、黄磷（53 次）、硫化氢（64 次）、硫化钠（21 次）。

1997 年由原劳动部组织实施的六城市重大危险源普查试点结果表明，储罐区（储罐）危险源的主要危险物质依次是：汽油、柴油、液化石油气、重油、润滑油、硫酸、原油、煤油、甲苯和甲醇等；库区（库）危险源的主要危险物质依次是：汽油、柴油、液化石油气、甲苯、乙醇、丙酮、油漆、润滑油和二甲苯等；生产场所危险源的主要危险物质依次是：汽油、液化石油气、柴油、硫酸、甲苯、盐酸、乙醇、天那水、二甲苯和液氨等；压力管道的主要危险物质依次是：天然气、液化石油气、氢气、煤气、柴油、汽油、乙烯和乙炔等；压力容器的主要危险物质依次是：液化石油气、氯（氯气、液氯）、丙烯、氨（氨气、液氨、氨水）、氢气、天然气等。

参考国外同类标准，结合我国工业生产的特点和火灾、爆炸、毒物泄漏重大事故的发生规律，以及 1997 年由原劳动部组织实施的重大危险源普查试点工作中对重大危险源辨识进行试点的情况，相关部门起草提出了国家标准《重大危险源辨识》（GB 18218—2000），此标准自 2001 年 4 月 1 日实施，并于 2009 年对该标准进行了修改，更名为《危险化学品重大危险源辨识》（GB 18218—2009）。

《危险化学品重大危险源辨识》（GB 18218—2009）是在 GB 18218—2000 的基础上修订而成的。该标准的名称由《重大危险源辨识》修改为《危险化学品重大危险源辨识》，同时把"术语和定义"章节中的"重大危险源"修改成"危险化学品重大危险源"，并定义为"长期地或临时地生产、加工、使用或储存危险化学品，且危险化学品的数量等于或超过临界量的单元"。本次修改更加明确了该标准的使用范围，从中也可以看出国家安全生产监督管理部门已经从法规的层面上将危险化学品与工程建设这两个领域中"重大危险源"的概念进行了区分。该标准除了更新危险物质的种类和临界量外，还规定了爆炸品、气体、易燃液体、易燃固体、易自燃的物质、遇水放出易燃气体的物质、氧化性物质、有机过氧化物、毒性物质 9 类的临界量。

使用 GB 18218—2009 进行重大危险源辨识时强调危险物质及其存在量，但是许多工业企业生产过程中虽然危险物质较少，但是其固有危险较大，如大型锅炉、大型尾矿库、高瓦斯矿井、压力容器群、长输压力管道等。为弥补此种情况的重大危险源辨识空白，通常使用《关于开展重大危险源监督管理工作的指导意见》（安监管协调［2004］56 号）（简称 56 号文）进行重大危险源辨识。

56 号文中重大危险源分类遵循以下原则：从可操作性出发，以重大危险源所处的场所或设备、设施对重大危险源进行分类；再按照相似相容性原则，依据各大类重大危险源各自的特性有层次地展开。按上述原则中重大危险源分为 9 大类：储罐区；库区；生产场所；压力管道；锅炉；压力容器；煤矿；金属、非金属矿山；尾矿库。

2.5　重大危险源评价程序

重大危险源的辨识与企业生产系统的安全评价程序基本相同，主要包括前期准备、现场勘查、辨识单元划分、重大危险源辨识、重大危险源分级、危害后果分析、提出安全对策建议、整改复查、报告编制等工作步骤。与企业生产系统（或装置）的安全评价不同的是，重大危险源的评价重点关注的是企业能够独立构成重大危险源的场所（或装置）的安全状况。

生产经营单位的重大危险源评价可单独进行，也可与企业相关的生产装置一同进行。

2.5.1　重大危险源辨识单元划分

在危险和有害因素分析的基础上，根据评价目标和评价方法的需要，将系统分成有限个确定范围的单元进行评价，该范围称为辨识单元。

辨识单元一般以生产工艺、工艺装置、物料的特点、特征与危险和有害因素的类别、分布有机结合进行划分，还可以按评价的需要将一个辨识单元再划分为若干子评价单元或更细致的单元。

辨识单元的划分有多种方法，需要根据企业的实际情况，按照以上所述的划分原则进行。一般应遵循以下几个原则。

（1）生产过程相对独立。

（2）空间位置相对独立。

（3）事故范围相对独立。

（4）具有相对明确的区域界线。

《危险化学品重大危险源辨识》（GB 18218—2009）规定，辨识单元为一个生产装置、设施或场所，或同属一个生产经营单位且边缘距离小于 500m 的几个生产装置、设施或场所。故辨识单元划分时一个辨识单元的直径不能大于 500m。应用时，通常按相对独立的生产场所或储存场所进行更细致的单元划分，由此判断整体系统中能够独立构成重大危险源的单元，以便进行重点监管。

2.5.2　重大危险源的辨识方法

重大危险源的辨识方法很多，各行业均相同。危险化学品领域主要依据《危险化学品重大危险源辨识》（GB 18218—2009）进行辨识，该标准的辨识方法是当辨识单元内存在危险物质的数量等于或超过上述标准中规定的临界量，该单元即被定为危险化学品重大危险源。GB 18218—2009 标准中给出了物质的名称及临界量。危险化学品重大危险源的辨识存在两种情况。

（1）单元内存在的危险物质为单一品种，则该物质的数量即为单元内危险物质的总量，若等于或超过相应的临界量，则定为重大危险源。

（2）单元内存在的危险物质为多品种时，则按下式计算，若满足下式，则定为重大危险源：

$$q_1/Q_1 + q_2/Q_2 + \cdots + q_n/Q_n \geqslant 1 \tag{2-2}$$

式中　q_1，q_2，$\cdots$，q_n——每种危险物质实际存在量，t；

Q_1，Q_2，$\cdots$，Q_n——与各危险物质相对应的生产场所或储存区的临界量，t。

进行危险化学品重大危险源辨识时，对每一个辨识单元首先进行单物质辨识，若已成危险化学品重大危险源，即认定建设项目区域构成危险化学品重大危险源。若单物质辨识均不独立构成危险化学品重大危险源，则进行多物质叠加影响的危险化学品重大危险源的辨识。并按照《危险化学品重大危险源监督管理暂行规定》（国家安全生产监督管理总局令第 40号）对构成危险化学品重大危险源场所进行危险化学品重大危险源分级。

在进行危险化学品重大危险源辨识时，由于需要判断整体系统中能够独立构成危险化学品重大危险源的单元，辨识单元一般划分得较小，在判定系统整体存在危险化学品重大危险源的数量和分级时，应根据辨识单元的直径为 500m 的要求进行结合并避免放大危险。

2.5.3 重大危险源辨识程序

2.5.3.1 资料准备

（1）安全评价的基础资料信息　安全评价的基础资料信息是指与项目安全性和安全评价相关的信息，是指被评价对象的信息，依据这些信息才能进行安全评价，将这些信息与法律、法规相对比，是安全评价的核心工作。

对被评价项目主体经营单位来说，生产经营活动的系统中存在人流、物质流、能量流和管理流，并通过信息流反映出来。

在进入企业之前，需要通过企业提供的资料多方位地了解企业生产的相关信息，了解同类企业的信息也会有较多的帮助。应做到有的放矢地进行评价工作。

（2）相关法律、法规、规章、技术标准准备　法律、法规、规章、技术标准信息是安全评价的依据，对于评价中辨识出来的危险和有害因素，要将其控制措施与相关要求进行对照。不符合相关要求的，可以认定危险和有害因素不能被有效控制。对于查找出的"事故隐患"应及时按相关的要求完善控制措施。进行相关准备工作时应注意以下几个方面。

① 法律、法规、规章、技术标准信息是动态变化的，由于时代的变迁、社会的进步、经济实力的增强、技术水平的提高，法律、法规、规章、技术标准将不断修订。安全评价应随之变化，要求不断更新。为此，安全评价时必须关注法律、法规信息，力求用最新的法律、法规指导评价。

② 采集特殊适用于评价项目的法律信息时应考虑适用性。可根据评价项目进行判断，矿山项目适用《矿山资源法》，煤炭项目适用《煤炭法》，电力项目适用《电力法》，建筑项目适用《建筑法》和《建设工程安全生产管理条例》，港口项目适用《港口法》，铁路项目适用《铁路法》，公路项目适用《公路法》，民用航空项目适用《民用航空法》，道路交通项目适用《道路交通安全法》，水上交通项目适用《海上交通安全法》和《内河交通安全管理条例》、《水路运输管理条例》等。采集规章、技术标准信息时也应如此。

（3）人员、装备准备　安全评价工作由具有与评价项目相关行业背景知识的安全评价资质的人员进行，参加人员应对企业基本信息有所了解，并具有某方面的技术特长。

进入现场的装备应根据企业的生产类型和特点而定，常用装备有便携式气体检测报警仪、测距仪、相机、噪声仪、照度仪等。

2.5.3.2 现场勘查

（1）现场勘查方法　现场调查分析是安全评价必须进行的工作，是对评价对象进行了解的必要手段。通过调查掌握评价对象的基本工况，例如总平面布置、工艺过程、设备设施等，通过分析和识别找出评价项目的危险和有害因素。调查分析是进行现场勘查、安全检查、检测检验的基础，同时也为安全评价提供素材和依据。

调查分析的关键是在评价范围内尽可能不遗漏重点问题和重点部位，要覆盖评价项目中生产、辅助、储存、运输、试验、销毁、生活等区域。常用的调查分析方法是现场询问法，一般可采用按部门调查、按过程调查、顺向追踪、逆向追溯等。这些方式各有利弊，在工作中可以根据实际情况灵活运用。

（2）现场勘查的工作程序

① 前置条件检查。前置条件是指在签订评价合同前，评价人员到项目所在地考察评价项目所属行业、项目状况，听取客户对安全评价的要求，应注意可提供的信息资料是否齐全、项目是否存在恶意违规现象。

② 工况调查。主要了解建设项目的基本情况、项目规模、建立联系和记录企业自述等。

（3）现场勘查的目的　现场勘查的目的是核实危险和有害因素，发现新的危险和有害因素，勘查周边环境的适应性和安全设施的状况。

① 核实危险和有害因素及分布。从设计文件、原辅料、产品、平面布置、工艺流程等相关资料中获得危险和有害因素的间接信息，需要评价人员到评价项目现场进行核实。核实的内容主要是危险和有害因素存在的位置、场合或状态，存在的数量、浓度、强度和形式，必要时提出进行监测检验的要求。

② 发现新的危险和有害因素及分布。对照规范标准，在评价项目现场查找是否有间接信息中没有提到的危险和有害因素。

③ 看周边环境，尤其是可能构成重大危险源所在位置的周边环境，了解周边生产经营单位的基本情况，了解常住人口的分布情况等。

④ 勘查安全设施状态。

（4）现场勘查的主要内容

① 安全距离。第一种是外部安全距离。安全距离主要指"安全防护距离"。一般认为"安全距离"是防火间距、卫生防护距离、机械防护安全距离、电气安全距离等"安全防护距离"的总称。重大危险源的外部安全距离主要是指防火间距，存在毒性气体、粉尘等的生产装置应包括卫生防护距离。

第二种是内部防火间距。重大危险源内部防火间距方面应按照《建筑设计防火规范》（GB 50016—2006）、《石油化工企业设计防火规范》（GB 50160—2008）和其他专业标准中的相关规定执行，此处所称的内部防火间距包括重大危险源所在场所内部的防火间距和该场所与周边场所（或生产装置）的防火间距两个部分。

② 生产工艺与设备先进性。重大危险源所在场所的工艺与设备先进性判断的依据主要为《产业结构调整指导目录》（国家发展和改革委员会，2011 年版）。该文件中将各工业生产领域中工艺与设备分为鼓励类、限制类、淘汰类三种。鼓励类的为国家产业政策鼓励采用的，限制类为已有可以予以保留但不再允许新项目采用的，淘汰类为应禁止使用的。重大危险源所在场所的工艺与设备应符合以上规定。

③ 生产设备检测检验。检测检验就是定量的现场检查，包括压力容器等特种设备检测检验、避雷设施检测检验、静电测试、安全附件检测及校准、防爆电器安装检测、安全联锁装置测试、毒物浓度测定、粉尘浓度测定、噪声测定、风速风量测量、电磁场测量、可燃气体报警和有毒气体报警变送器检定、电离和非电离辐射测定、设备探伤及晶相分析、设备腐蚀速率监测等。

④ 安全设施运行检查。安全设施设备是指屏蔽危险和有害因素以免发生事故的预防、控制、救灾设施。安全设施是针对危险和有害因素的，可分为本质安全的直接设施、安全附件的间接设施、预先警告的提示设施、自己的个体防护设施四种。考察安全设施设备应从可靠性的角度检查安全设施设备的运行状况，记录设备的完好状况和故障率。

⑤ 安全管理。安全管理是利用管理的原则和系统的方法，来确保设备和人员安全。

（5）现场勘查注意事项

① 注意类比对象的选择。对于评价对象无法进行现场勘查的内容，可以寻找类比对象进行调查。但必须注意类比对象与评价对象之间的偏差，评价结果带有估计的成分。类比对象与评价对象共有的对应点越多，评价结果就越接近现实。因此，评价结果的准确性在很大程度上取决于所选择的类比对象。如果类比对象选择错误，不仅得不到相近于评价对象的评价结果，还会误导评价，不能找出评价对象的"事故隐患"，反而误判"事故隐患"。

② 注意现场勘查的系统性。进行现场勘查时，应关注评价对象的每一处细节，尽量全面了解评价对象的全貌，避免产生盲人摸象类的失误。

③ 注意现场询问观察法与现场检查数据的校核。进行现场查看时，现场询问观察法是主要的工作方法之一。但是有时企业人员存在故意或无意的隐瞒现象，故询问的结果应与现场查看的情况、相关检测报告及检测结果相互佐证，避免误差。

2.6 安全评价方法分类

安全评价方法是对系统中的危险性、危害性进行分析评价的工具。安全评价方法分类的目的是为了根据安全评价对象和评价目标选择适用的评价方法。安全评价方法的分类方法很多，有按评价结果的量化程度分类法、按评价的推理过程分类法、按针对的系统性质分类法、按安全评价要达到的目的分类法等。其中常用的是按评价结果的量化程度进行分类。

按照安全评价结果的量化程度，安全评价方法可分为定性安全评价方法和定量安全评价方法。

2.6.1 定性安全评价方法与定量安全评价方法

（1）定性安全评价方法　目前定性安全评价方法在国内外企业安全管理工作中被广泛使用。定性安全评价方法主要是根据经验和直观判断能力对生产系统的工艺、设备、设施、环境、人员和管理等方面的状况进行定性的分析，安全评价的结果是一些定性的指标，如是否达到了某项安全指标、事故类别和导致事故发生的因素等。

定性的评价方法一般都是以表格分析的形式出现。常用的定性安全评价方法有安全检查表、预先危险性分析法、因素图分析法、故障假设分析法、故障类型和影响分析、作业条件危险性评价法（格雷厄姆-金尼法或 LEC 法）、危险与可操作性研究、人的可靠性分析、风险矩阵法等。

（2）定量安全评价方法　定量安全评价方法是用系统事故发生概率和事故严重程度来评价，通常基于大量的试验结果和广泛的事故资料统计分析获得的指标或规律（数学模型），对生产系统的工艺、设备、设施、环境、人员和管理等方面的状况进行定量的计算，安全评价的结果是一些定量的指标，如事故发生的概率、重要度、事故的伤害（或破坏）范围、定量的危险性等。

按照安全评价给出的定量结果的类别不同，定量安全评价方法还可以分为概率风险评价法、危险指数评价法和伤害（或破坏）范围评价法。

（3）常用定性与定量安全评价方法的优缺点比较　常用定性与定量安全评价方法的优缺点比较如表 2-5 所示。

表 2-5　定性与定量安全评价方法的优缺点比较

项目	常用方法		优点	缺点
定性安全评价方法	安全检查表、预先危险性分析法、故障假设分析法、故障类型和影响分析、作业条件危险性评价法等		容易理解、便于掌握，评价过程简单、评价结果直观	（1）定性安全评价方法往往依靠经验，带有一定的局限性，安全评价结果有时同参加评价人员的经验和经历等有相当大的差异　（2）由于安全评价结果不能给出量化的危险度，所以不同类型的对象之间安全评价结果缺乏可比性
定量安全评价方法	概率风险评价法	事故树、事件树等	评价结果可以量化，便于决策，获得的评价结果具有可比性	计算量大，过程烦琐，对基础数据依赖性大
	危险指数评价法	道化学火灾、爆炸危险指数评价法、IC 蒙德火灾、爆炸毒性指数评价法等		
	伤害范围评价法	液体泄漏模型、火球爆炸伤害模型等		

2.6.2　安全评价方法选用原则

任何一种安全评价方法都有其适用条件和范围，在安全评价中如果使用了不适用的安全评价方法，不仅浪费工作时间，影响评价工作正常开展，而且导致评价结果严重失真，使安全评价失败。因此，在安全评价中，合理选择安全评价方法是十分重要的。

在进行安全评价时，应该在认真分析并熟悉被评价系统的前提下，选择安全评价方法。选择安全评价方法应遵循充分性、适应性、系统性、针对性和合理性的原则。

（1）充分性原则　充分性是指在选择安全评价方法之前，应该充分分析评价的系统，掌握足够多的安全评价方法，并充分了解各种安全评价方法的优缺点、适应条件和范围，同时为安全评价工作准备充分的资料，供选择评价方法时参考和使用。

（2）适应性原则　适应性是指选择的安全评价方法应该适应被评价的系统。被评价的系统可能是由多个子系统构成的复杂系统，评价的各子系统可能有所不同，应根据系统和子系统、工艺的性质和状态，选择适应的安全评价方法。

（3）系统性原则　系统性是指安全评价方法与被评价的系统所能提供安全评价初值和边值条件应形成一个和谐的整体。安全评价方法获得的可信的安全评价结果，是必须建立在真实、合理和系统的基础数据之上的，被评价的系统应该能够提供所需的系统化数据和资料。

（4）针对性原则　针对性是指所选择的安全评价方法应该能够提供所需的结果。由于评价的目的不同，需要安全评价提供的结果可能不同，只有安全评价方法能够给出所要求的结果，才能满足评价目的的要求。

（5）合理性原则　在满足安全评价目的、能够提供所需的安全评价结果的前提下，应该选择计算过程最简单、所需基础数据最少和最容易获取的安全评价方法，使安全评价工作量和要获得的评价结果都是合理的。

各种安全评价方法在实际应用中如何选取，要具体问题具体分析，对于特定的环境和资源条件，应根据系统的特点，选用不同的评价方法，以提高评价的准确性，有效地消除或控制系统中的危险、有害因素，达到安全生产的目的。不同的评价系统，可以选择不同的安全评价方法，安全评价方法选择过程一般可按照图 2-2 所示的步骤。

2.6.3　常用安全评价方法

在安全评价过程中，选择安全评价方法的要求以及各种评价类型中通常选择的评价方法见表 2-6。

表 2-6　选择安全评价方法的要求及各种评价类型中通常选择的评价方法

评价类型	选择评价方法的要求	推荐使用评价方法	不推荐使用评价方法	备注
安全预评价	（1）根据评价的目的、要求和被评价对象的特点、工艺、功能或活动分布，选择科学、合理、适用的定性、定量安全评价方法 （2）能进行定量评价的应采用定量安全评价方法，不能进行定量评价的可选用半定量或定性安全评价方法 （3）对于不同评价单元，必要时可根据评价的需要和单元特征选择不同的评价方法	（1）定性安全评价方法：预先危险性分析；危险与可操作性研究等 （2）定量安全评价方法：事故树分析；事件树分析；道化学火灾、爆炸危险指数评价法；IC 蒙德火灾、爆炸危险指数评价法；事故后果模拟分析评价等	安全检查表；作业条件危险性评价法	"三同时"的要求

续表

评价类型	选择评价方法的要求	推荐使用评价方法	不推荐使用评价方法	备注
安全验收评价	主要考虑评价结果是否能达到安全验收评价所要求的目的,依据建设项目或区域建设的实际情况选择适当的安全评价方法	(1)定性安全评价方法:安全检查表;危险与可操作性研究;故障类型和影响分析;作业条件危险性评价法;风险矩阵法等 (2)定量安全评价方法:事故树分析;事件树分析;道化学火灾、爆炸危险指数评价法;IC蒙德火灾、爆炸危险指数评价法;事故后果模拟分析评价等	预先危险性分析;人的可靠性分析等	"三同时"的要求
安全现状评价	根据生产经营企业或单位生产装置的特点,确定结合国内外安全评价方法,建立评价的模式及采用的评价方法 安全现状评价在系统、工程的生命周期内的生产运行阶段,所以评价更要有针对性,所采用的评价方法应更为有效,不仅有定性评价,还要尽可能地采用定量化的安全评价方法	(1)定性安全评价方法:预先危险性分析;故障类型和影响分析;危险与可操作性研究;故障假设分析;风险矩阵法等 (2)定量安全评价方法:事故树分析;事件树分析;道化学火灾、爆炸危险指数评价法;IC蒙德火灾、爆炸危险指数评价法;事故后果模拟分析评价等		专项评价需要根据行业特点科学地选择合适的评价方法

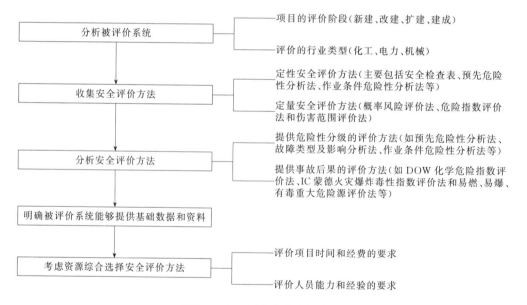

图 2-2　安全评价方法选择流程

2.7　经典安全评价方法

2.7.1　安全检查表

安全检查表（safety check list，SCL）是进行安全检查、发现潜在危险、督促各项安全法规、制度、标准实施的一个较为有效的工具。它是安全系统工程中最基本、最初步的一种形式。

2.7.1.1　安全检查表概述

安全检查表实际上就是一份实施安全检查和诊断的项目明细表，是安全检查结果的备忘录。通常为检查某一系统、设备以及各种操作管理和组织措施中的不安全因素，事先对检查对象加以剖析、分解，查明问题所在，并根据理论知识、实践经验、有关标准、规范和事故情报等进行周密细致的思考，确定检查的项目和要点，以提问方式将检查项目和要点按系统编制成表，以备在设计或检查时，按规定的项目进行检查和诊断，这种表就叫安全检查表。

现代安全系统工程中很多分析方法，如危险性预先分析、故障模式及影响分析、事故树分析、事件树分析等，都是在这个基础上发展起来的。

安全检查表在安全检查中之所以能够发挥作用，是因为安全检查表是用系统工程的观点，组织有经验的人员，首先将复杂的系统分解成为子系统或更小的单元，然后集中讨论这些单元中可能存在什么样的危险性、会造成什么样的后果、如何避免或消除它等。由于可以事先组织有关人员编制，容易做到全面周到，避免漏项。经过长时期的实践与修订，可使安全检查表更加完善。

归纳起来，安全检查表具有以下功用。

（1）安全检查人员能根据检查表预定的目的、要求和检查要点进行检查，做到突出重点，避免疏忽、遗漏和盲目性，及时发现和查明各种危险和隐患。

（2）针对不同的对象和要求编制相应的安全检查表，可实现安全检查的标准化、规范化。同时也可为设计新系统、新工艺、新装备提供安全设计的有用资料。

（3）依据安全检查表进行检查，是监督各项安全规章制度的实施和纠正违章指挥、违章作业的有效方式。它能克服因人而异的检查结果，提高检查水平，同时也是进行安全教育的一种有效手段。

（4）可作为安全检查人员或现场作业人员履行职责的凭据，有利于落实安全生产责任制，同时也可为新老安全员顺利交接安全检查工作打下良好的基础。

2.7.1.2　安全检查表的编制

（1）依据　安全检查表应列举需查明的所有能导致工伤或事故的不安全状态和行为。为了使检查表在内容上能结合实际、突出重点、简明易行、符合安全要求，应依据以下三个方面进行编制。

① 安全检查表应以国家、部门、行业、企业所颁发的有关安全法令、规章、制度、规程以及标准、手册等为依据。

② 编制检查表应认真收集国内外有关各种事故案例资料，结合编制对象，仔细分析有关的不安全状态，并一一列举出来，这是杜绝隐患首先必须做的工作。

③ 要在总结本单位生产操作和安全管理资料的实践经验、分析各种潜在危险因素和外界环境条件基础上，编制出结合本单位实际的检查表，切忌生搬硬套。

（2）内容　常见的安全检查表必须包括以下内容。

① 序号（统一编号）。

② 项目名称，如子系统、车间、工段、设备等。

③ 检查内容，在修辞上可用直接陈述句，也可用疑问句。

④ 检查结果，即回答栏，有的采用"是""否"符号，即"Y""N"表示，有的打分。

⑤ 备注栏，可注明建议改进措施或情况反馈等事项。

⑥ 检查时间和检查人。

某车间消防设施日常安全检查表如表2-7所示。

（3）程序　编制安全检查表和对待其他事物一样，都有一个处理问题的程序。图2-3是安全检查表编制程序框图。

表 2-7　某车间消防设施日常安全检查表

序号	项目名称	检查内容	检查结果	备注	检查时间和检查人
1	消防器材	配置到位,齐全,有效,合理	□是　□否		
2	消防通道	消防车通道、安全疏散通道、安全出口布置合理、通畅	□是　□否		
3	消防水栓	布局合理,供水通畅,水压充足	□是　□否		

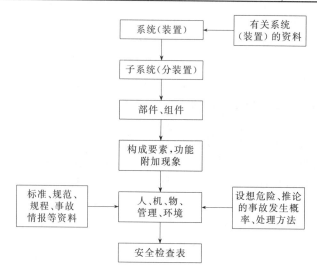

图 2-3　安全检查表编制程序框图

① 系统的功能分解。一般工程系统（装置）都比较复杂，难以直接编制出总的检查表。我们可按系统工程观点将系统进行功能分解，建立功能结构图。这样既可显示各构成要素、部件、组件、子系统与总系统之间的关系，又可通过各构成要素的不安全状态的有机组合求得总系统的检查表。

② 人、机、物、管理和环境因素。如以生产车间为研究对象，生产车间是一个生产系统，车间中的人、机、物、管理和环境是生产系统中的子系统。从安全观点出发，不只是考虑"人-机系统"，应该是"人-机-物-管理-环境系统"。

③ 潜在危险因素的探求。一个复杂或新的系统，人们一时难以认识其潜在危险因素和不安全状态，对于这类系统可采用类似"黑箱法"原理来探求，即首先设想系统可能存在哪些危险及其潜在部分，并推论其事故发生过程和概率，然后逐步将危险因素具体化，最后寻求处理危险的方法。通过分析不仅可以发现其潜在危险因素，而且可以掌握事故发生的机理和规律。

（4）应注意的问题　编制安全检查表时应注意以下问题。

① 编制安全检查表的过程，实质是理论知识、实践经验系统化的过程，一个高水平的安全检查表需要专业技术的全面性、多学科的综合性和对实际经验的统一性。为此，应组织技术人员、管理人员、操作人员和安全技术人员深入现场共同编制。

② 按照查找隐患要求列出的检查项目应齐全、具体、明确，突出重点，抓住要害。为了避免重复，尽可能将同类性质的问题列在一起，系统地列出问题或状态。另外应规定检查方法，并有合格标准。防止检查表笼统化、行政化。

③ 各类检查表都有其适用对象，各有侧重，是不宜通用的。如专业检查表与日常检查表要加以区分，专业检查表应详细，而日常检查表则应简明扼要，突出重点。

④ 危险性部位应详细检查，确保一切隐患在可能发生事故之前就被发现。

⑤ 编制安全检查表应将安全系统工程中的事故树分析、事件树分析、危险性预先分析和可操作性研究等方法结合进行，把一些基本事件列入检查项目中。

2.7.2 预先危险性分析法

预先危险性分析（preliminary hazard analysis，PHA），又称为预先危险分析，是在每项工程活动之前，如设计、施工、生产之前，或技术改造之后，即制定操作规程和使用新工艺等情况之后，对系统存在的危险性类型、来源、出现条件、导致事故的后果以及有关措施等，做一概略分析，是一种定性分析系统内危险因素和危险程度的方法。

预先危险性分析的目的是防止操作人员直接接触对人体有害的原材料、半成品、成品和生产废弃物，防止使用危险性工艺、装置、工具和采用不安全的技术路线。如果必须使用时，也应从工艺上或设备上采取安全措施，以保证这些危险因素不致发展成为事故，一句话，把分析工作做在行动之前，避免由于考虑不周造成损失。

2.7.2.1 预先危险性分析的内容

根据安全系统工程的方法，生产系统的安全必须从人-机-环境系统进行分析，而且在进行预先危险性分析时应持这种观点，即对偶然事件、不可避免事件、不可知事件等进行剖析，尽可能地把它变为必然事件、可避免事件、可知事件，并通过分析、评价，控制事故发生。分析的内容可归纳出以下几个方面。

（1）识别危险的设备、零部件，并分析其发生的可能性条件。

（2）分析系统中各子系统、各元件的交接面及其相互关系与影响。

（3）分析原材料、产品，特别是有害物质的性能及储运。

（4）分析工艺过程及其工艺参数或状态参数。

（5）人、机关系（操作、维修等）。

（6）环境条件。

（7）用于保证安全的设备、防护装置等。

2.7.2.2 预先危险性分析的优点

预先危险性分析的主要优点有以下几个。

（1）分析工作做在行动之前，可及早采取措施排除、降低或控制危害，避免由于考虑不周造成损失。

（2）对系统开发、初步设计、制造、安装、检修等做的分析结果，可以提供应遵循的注意事项和指导方针。

（3）分析结果可为制定标准、规范和技术文献提供必要的资料。

（4）根据分析结果可编制安全检查表以保证实施安全，并可作为安全教育的材料。

2.7.2.3 预先危险性分析的步骤

分析的程序如图 2-4 所示。

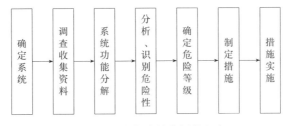

图 2-4　预先危险性分析的程序

（1）确定系统　明确所分析系统的功能及分析范围。

（2）调查、收集资料　调查生产目的、工艺过程、操作条件和周围环境。收集设计说明书、本单位的生产经验、国内外事故情报及有关标准、规范、规程等资料。

（3）系统功能分解　一个系统是由若干个功能不同的子系统组成的，如动力、设备、结构、燃料供应、控制仪表、信息网络等，其中还有各种连接结构。同样，子系统也是由功能不同的部件、元件组成的，如动力、传动、操纵和执行等。为了便于分析，按系统工程的原理，将系统进行功能分解，并绘出功能框图，表示它们之间的输入、输出关系。功能框图如图 2-5 所示。

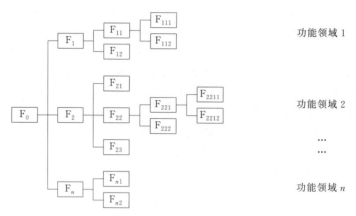

图 2-5　系统功能框图

（4）分析、识别危险性　确定危险类型、危险来源、初始伤害及其造成的危险性，对潜在的危险点要仔细判定。

（5）确定危险等级　在确认每项危险之后，都要按其效果进行分类。

（6）制定措施　根据危险等级，从软件（系统分析、人机工程、管理、规章制度等）、硬件（设备、工具、操作方法等）两方面制定相应的消除危险性的措施和防止伤害的办法。

2.7.2.4　危险性识别

生产现场包含着来自人、机（物）和环境三方面的多种隐患，为确保安全生产，就必须分析和查找隐患，并及早消除，将事故消灭在发生之前，做到预防为主。因此，识别危险性是首要问题。

生产和生活都离不开能源，在正常情况下，能量是通过做有用功制造产品和提供服务，其能量平衡式为：

输入能＝有用功（做功能）＋正常耗损能

但在非正常运行状态下，其能量平衡式为：

输入能＝有用功＋正常耗损能＋逸散能

这个逸散能作用在人体上就是伤害事故，作用在设备上则损坏设备。因此，从预防事故来看，关键是查找出生产现场能量体系中潜在的危险因素。

能够转化为破坏能力的能量有电能、原子能、机械能、势能和动能、压力和拉力、燃烧和爆炸、腐蚀、放射线、热能和热辐射、声能、化学能等。

另一种表示破坏能量的因素及事件也可作为参考，如加速度、污染、化学反应、腐蚀、电（电击、电感、电热、电源故障等）、爆炸、火灾、热和温度（高温、低温、温度变化）、泄漏、湿度（高湿、低湿）、氧化、压力（高压、低压、压力变化）、辐射（热辐射、电磁辐射、紫外辐射、电离）、化学灼伤、结构损害或故障、机械冲击、振动与噪声等。

为了便于分析，我们应了解能量转换过程，为此有必要进一步叙述能量失控情况。一般来说，能量失控情况可分为两种模式：物理模式和化学模式。各类生产企业中，机械设备很多，因此从事故数量上来看，物理模式的能量失控引起的事故占大多数。

（1）物理模式　物理能可分为势能和动能两种形式。包括物理爆炸、锅炉爆炸、机械失控、电气失控及其他物理能量失控。

（2）化学模式　主要通过物质化合和分解等化学反应产生的能量失控而造成火灾和爆炸。通常有三种情况　直接火灾、间接火灾和自动反应。

（3）有害因素　许多化学物质会对人体造成急性或慢性的毒害，操作环境中有害物质超过了规定的允许值就被认为存在危险性。

（4）外力因素　外力是指地震、洪水、雷击等自然现象以及受到外界爆炸而产生的冲击波、爆破碎片的袭击等，对生产设备或房屋外施加很大的能量而造成的损坏和人身伤亡。

（5）人的因素　人具有自由性，再加上构成劳动集体的每个成员的精神素质和心理特征不同，易受环境条件所造成的心理上的影响，从而造成误操作。

（6）环境因素　在生产现场，生产所用的原材料、半成品、成品、工具以及工业废弃物等，如放置不当会造成不安全状态，因为这些物体具有潜在的势能。还有粉尘、毒气、恶臭、照明、噪声、振动、放射性等危害。

2.7.2.5　危险性等级

在危险性查出之后，应对其划分等级，排列出危险因素的先后次序和重点，以便分别处理。由于危险因素发展成为事故的起因和条件不同，因此在预先危险性分析中仅能作为定性评价，其等级划分如表2-8所示。危险性等级可通过矩阵比较法来确定。

表 2-8　危险等级划分

级别	危险程度	可能导致的后果
1级	安全的	不发生危险
2级	临界的	处于形成事故的边缘状态，暂时还不会造成人员伤害和系统破坏，但应予以排除或控制
3级	危险的	会造成人员伤亡和系统损坏，应立即采取措施排除
4级	破坏性的	会造成灾难性事故

2.7.2.6　危险性控制

危险性识别和等级划分后，就可采取相应的预防措施，避免它发展成为事故。采取预防措施的原则首先是采取直接措施，即从危险源（或起因）着手。其次，则是间接措施，如隔离、个人防护等。

（1）防止能量的破坏性作用

① 限制能量的集中与蓄积。

② 控制能量的释放，防止能量的逸散、延缓能量释放、另辟能量释放渠道。

③ 隔离能量，在能源上采取措施、在能源和人之间设防护屏障、设置安全区及安全标志等。

④ 其他措施。

（2）降低损失程度的措施　事故一旦发生，应马上采取措施，抑制事态发展，减轻危害的严重性。如设紧急冲浴设备、采用快速救援活动和急救治疗等。

（3）防止人的失误　人的失误是人为地使系统发生故障或发生使机件不良的事件，是违反设计和操作规程的错误行为。为了减少人的失误，应为操作人员创造安全性较强的工作条件，设备要符合人机工程学的要求，重复操作频率高的工作应用机械代替手工，变手工操作为自动控制。

建立健全规章制度、严格监督检查、加强安全教育也是有力措施。

2.7.3 危险与可操作性研究分析法

危险与可操作性研究（hazard and operability study，HAZOP），是英国帝国化学工业公司（ICI）于 1974 年针对化工装置而开发的一种危险性评价方法。

HAZOP 的基本过程是以关键词为引导，找出系统中工艺过程的状态参数（如温度、压力、流量等）的变化（即偏差），然后再继续分析造成偏差的原因、后果及可能采取的对策。通过危险与可操作性研究的分析，能够探明生产装置及工艺过程存在的危险，根据危险带来的后果，明确系统中的主要危险；如果需要，可利用事故树对主要危险继续分析，因此它又是确定事故树顶上事件的一种方法。在 HAZOP 分析过程中，分析人员对单元中的工艺过程及设备状况要深入了解，对于单元中的危险及应采取的措施要有透彻的认识，因此，HAZOP 分析还被认为是对工人培训的有效方法。

可操作性研究既适用于设计阶段，又适用于现有的生产装置。对现有生产装置分析时，如能吸收有操作经验和管理经验的人员共同参加，会收到很好的效果。

2.7.3.1 分析的特点

HAZOP 分析具备以下特点。

（1）它是从生产系统中的工艺状态参数出发来研究系统中的偏差，运用启发性引导词来研究因温度、压力、流量等状态参数的变动可能引起的各种故障的原因、存在的危险以及采取的对策。

（2）它是故障类型及影响分析的发展。它研究和运行状态参数有关的因素。它从中间过程出发，向前分析其原因，向后分析其结果。它承上启下，既表达了元件故障包括人的失误相互作用的状态，又表达了接近顶上事件更直接的原因。因此，不仅直观有效，而且更易查找事故的基本原因和发展结果。

（3）HAZOP 分析方法，不需要有可靠性工程的专业知识，因而很易掌握。使用关键词进行分析，既可启发思维、扩大思路，又可避免漫无边际地提出问题。

（4）研究的状态参数正是操作人员控制的指标，针对性强，有利于提高安全操作能力。

（5）研究结果既可用于设计的评价，又可用于操作评价；既可用来编制、完善安全规程，又可作为可操作的安全教育材料。

2.7.3.2 分析的步骤

HAZOP 是全面考察分析对象，对每一个细节提出问题，如在工艺过程的生产运行中，要了解工艺参数（温度、压力、流量、浓度等）与设计要求不一致的地方（即发生偏差），进而进一步分析偏差出现的原因及其产生的后果，并提出相应的措施，如图 2-6 所示。

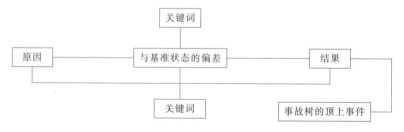

图 2-6 危险与可操作性研究的分析步骤

危险与可操作性研究的分析步骤如下。

（1）提出问题。为了对分析的问题能开门见山，所以在提问时，只用 No（否）、More

（多）、Less（少）、As Well As（以及、而且）、Part Of（部分）、Reverse（相反）、Other Than（其他）来涵盖所有出现的偏差。

（2）划分单元，明确功能。将分析对象划分为若干单元，在连续过程中单元以管道为主，在间歇过程中单元以设备为主。明确各单元的功能，说明其运行状态和过程。

（3）定义关键词表。将关键词逐一分析每个单元可能产生的偏差，一般从工艺过程的起点、管线、设备等一步步分析可能产生的偏差，直至工艺过程结束。

（4）分析原因及后果。以化工装置为例，应分析工艺条件（温度、压力、流量、浓度、杂质、催化剂、泄漏、爆炸、静电等）、开停车条件（试验、开车、检修；设备和管线，如标志、反应情况、混合情况、定位情况、工序情况等）、紧急处理（气、汽、水、电、物料、照明、报警、联系等非计划停车情况），甚至自然条件（风、雷、雨、霜、雪、雾、地质以及建筑安装等）。分析发生偏差的原因和后果。

（5）制定对策。选择经济、合理、切合实际的对策。

（6）填写汇总表。为了按危险与可操作性研究分析表进行汇总填写，保证分析详尽而不发生遗漏，分析时应按照关键词表逐一进行。关键词表可以根据研究的对象和环境确定。表 2-9 为关键词定义表。

表 2-9 关键词定义表

关键词	意 义	说 明
空白	设计与操作所要求的事件完全没有发生	没有物料输入，流量为零
过量	与标准值比较，数量增加	流量或压力过大
减量	与标准值比较，数量减少	流量或压力减小
部分	只完成功能的一部分	物料输送过程中某种成分消失或仅输送一部分
伴随	在完成预定功能的同时，伴随多余事件发生	物料输送过程中发生组分及相的变化
相逆	出现与设计和操作相反的事件	发生反向的输送
异常	出现与设计和操作要求不相干的事件	异常事件发生
关键词	意 义	说 明
否	对标准值的完全否定	完全没有完成规定功能，什么都没有发生
多	数量增加	包括：数量的多与少，性质的好
少	数量减少	与坏，完成功能程序的高与低
而且	质的增加	完成规定功能，但有其他事件发生，如增加过程、组分变多
部分	质的减少	仅实现部分功能，有的功能没有实现
相反	逻辑上与规定功能相反	对于过程：反向流动、逆反应、程序颠倒对于物料：用催化剂还是抑制剂
其他	其他运行情况	包括：其他物料和其他状态，其他过程、不适宜的运行过程、不希望的物理过程等

由表 2-9 可以看出，在研究不同的系统时，可以定义不同的关键词，且即使是关键词相同，其代表的意义也可以是不同的。因此，在进行可操作性研究时，必须根据关键词表分析各个单元产生的偏差。危险与可操作性研究分析表格式示例见表 2-10。

表 2-10 危险与可操作性研究分析表格式示例

关键词	偏差	可能原因	结果	修正措施
None 空白	反应器炉管内无乙酸物料	1. 忘记加料，乙酸槽无料； 2. 转料泵发生故障； 3. 进料阀门未开； 4. 乙酸再沸器蒸汽加热系统故障或阀门未开	易导致预热器炉管温度偏高，可能损坏炉管，引起物料泄漏，导致爆炸性气体的产生	1. 严格操作复核，乙酸槽设置低液位报警； 2. 转料泵设置备用泵； 3. 蒸汽加热系统设置旁路，严格操作复核

2.7.4   作业条件危险性评价分析法

对于一个具有潜在危险性的作业条件，K.J. 格雷厄姆和 G.F. 金尼认为，影响危险性的主要因素有三个：发生事故或危险事件的可能性；暴露于这种危险环境的情况；事故一旦发生可能产生的后果。用公式来表示，则为：

$$D = LEC \qquad (2-3)$$

式中 D——作业条件的危险性；

L——事故或危险事件发生的可能性；

E——暴露于危险环境的频率；

C——发生事故或危险事件的可能结果。

（1）发生事故或危险事件的可能性   事故或危险事件发生的可能性与其实际发生的概率相关。将事故或危险事件发生可能性的分值从实际上不可能的事件为 0.1，经过完全意外有极少可能的分值 1，确定到完全会被预料到的分值 10 为止，得到事故或危险事件发生的可能性分值表（表 2-11）。

表 2-11   事故或危险事件发生的可能性分值

分值	事故或危险事件发生的可能性	分值	事故或危险事件发生的可能性
10	完全会被预料到	0.5	可以设想，但高度不可能
6	相当可能	0.2	极不可能
3	不经常，但可能	0.1	实际上不可能
1	完全意外，极少可能		

（2）暴露于危险环境的频率   众所周知，作业人员暴露于危险作业条件的次数越多、时间越长，则受到伤害的可能性也就越大。关于暴露于潜在危险环境的分值见表 2-12。

表 2-12   暴露于潜在危险环境的分值

分值	出现于危险环境的情况	分值	出现于危险环境的情况
10	连续暴露于潜在危险环境	2	每月暴露一次
6	逐日在工作时间内暴露	1	每年几次出现在潜在危险环境
3	每周一次或偶然地暴露	0.5	非常罕见地暴露

（3）发生事故或危险事件的可能结果   发生事故或危险事件的可能结果的分值见表 2-13。

表 2-13   发生事故或危险事件的可能结果的分值

分值	可能结果	分值	可能结果
100	大灾难，许多人死亡	7	严重，严重伤害
40	灾难，数人死亡	3	重大，致残
15	非常严重，一人死亡	1	引人注目，需要救护

（4）作业条件的危险性   确定了上述三个具有潜在危险性的作业条件的分值，并按式(2-3)进行计算，即可得危险性分值。据此，要确定其危险性程度时，则按下述标准进行评定（表 2-14）。

表 2-14　危险性分值

分值	危险程度	分值	危险程度
＞320	极其危险,不能继续作业	20～70	可能危险,需要注意
160～320	高度危险,需要立即整改	＜20	稍有危险,或许可以接受
70～160	显著危险,需要整改		

2.7.5　风险指数矩阵分析法

风险指数矩阵分析法常用来进行定性的风险估算,此分析法是将决定危险事件的风险的两种因素,即危险事件的严重性和危险事件发生的可能性,按其特点相对地划分为等级,形成一种风险评价矩阵,并赋以一定的加权值作为定性衡量风险的大小。

风险指数矩阵分析法的优点在于操作简单方便,能初步估算出危险事件的风险指数,并能进行风险分级;缺点在于其风险评估指数通常是主观定的,定性指标有时没有实际意义,且风险等级的划分具有随意性,有时不便于风险的决策。风险指数矩阵分析法在建立职业健康安全管理体系和评价中都常常被用到,此方法一般不单独使用,常和预先危险性分析、故障类型及影响分析、LEC 法等评价方法结合使用。

风险指数矩阵分析法的编制步骤如下。

(1) 由系统、分系统或设备的故障、环境条件、设计缺陷、操作规程不当、人为差错引起的有害后果,将这些后果的严重程度相对、定性地分为若干级,称为危险事件的严重分级。通常严重性等级分为四级 (表 2-15)。

表 2-15　危险事件的严重等级

严重性等级	等级说明	事故后果说明
Ⅰ	灾难	人员死亡或系统报废
Ⅱ	严重	人员严重受伤、严重职业病或系统严重损坏
Ⅲ	轻度	人员轻度受伤、轻度职业病或系统轻度损坏
Ⅳ	轻微	人员伤害程度和系统损坏程度都轻于Ⅲ级

(2) 把上述危险事件发生的可能性根据其出现的频繁程度相对地定性为若干级,称为危险事件的可能性等级。通常可能性等级分为五级 (表 2-16)。

表 2-16　危险事件的可能性等级

可能性等级	说明	单个项目具体发生情况	总体发生情况
A	频繁	频繁发生	连续发生
B	很可能	在寿命期内会出现若干次	频繁发生
C	有时	在寿命期内有时可能发生	发生若干次
D	极少	在寿命期内不易发生,但有可能发生	不易发生,但有理由可预期发生
E	不可能	极不易发生,以至于可以认为不会发生	不易发生

(3) 将上述危险严重性和可能性等级制成矩阵并分别给以定性的加权指数,形成风险评价指数矩阵,见表 2-17。

矩阵中的加权指数称为风险评估指数,指数从 1 到 20 是根据危险事件可能性和严重性水平综合而定的。通常将最高风险指数定为 1,相对应于危险事件是频繁发生的并具有灾难性后果的。最低风险指数定为 20,对应于危险事件几乎不可能发生而且后果是轻微的。数字等级的划分具有随意性,为了便于区别各种风险的档次,需要根据具体评价对象确定风险评价指数。

表 2-17　风险评价指数矩阵

严重性等级 可能性等级	Ⅰ(灾难)	Ⅱ(严重)	Ⅲ(轻度)	Ⅳ(轻微)
A(频繁)	1	2	7	13
B(很可能)	2	5	9	16
C(有时)	4	6	11	18
D(极少)	8	10	14	19
E(不可能)	12	15	17	20

（4）根据矩阵中的指数确定不同类别的决策结果，确定风险等级（表 2-18）。

表 2-18　风险等级

风险值	1～5	6～9	10～17	18～20
风险等级	1	2	3	4

（5）根据风险等级确定相应的风险控制措施。一般来说，1 级为不可接受的风险；2 级为不希望有的风险；3 级为需要采取控制措施才能接受的风险；4 级为可接受的风险，需要引起注意。评价人员可以结合企业实际情况，综合考虑风险等级。

2.7.6　故障假设分析法与故障假设/安全检查表分析法

故障假设分析法是一种对系统工艺过程或操作过程的创造性分析方法。它是识别危险性、危险情况或可能产生的意想不到的结果的具体事故事件。通常由经验丰富的人员识别可能事故情况、结果，提出存在的安全措施以及降低危险性的建议。故障假设分析很简单，它首先提出一系列"如果……怎么办"的问题，然后再回答这些问题。分析主要内容包括提出的问题、回答可能的后果、安全措施、降低或消除危险性方法或方案。

故障假设分析法的特点在于负责人经验十分丰富，分析过程按部就班进行，能较好地完成任务；参加评价人员选择合理，人员水平较高，分析组不是把所有的问题都解决，有重点。其优点在于不受行业和评价类型的限制；故障假设分析的创造和基于经验的安全检查表分析的完整性，弥补各自单独使用时的不足；故障假设分析利用分析组的创造性和经验最大程度地考虑到可能的事故情况，分析系统完整，操作简单方便。其缺点在于只能定性不能定量；故障假设分析法很少单独使用，一般需要和检查表结合使用以弥补不足。

由于故障假设分析法较为灵活，它可以用于工程、系统的任何阶段，在国外这种方法常常被应用，但在我国安全评价中很少单独使用此方法，一般是和其他方法配合使用。

故障假设/安全检查表分析法（what…if/safety checklist analysis）是将故障假设分析与安全检查表分析两种分析方法结合在一起的分析方法，由熟悉工艺过程的人员所组成的分析组来进行。分析组用故障假设分析方法确定过程可能发生的各种事故类型，然后分析组用一份或多份安全检查表补充可能的疏漏，此时所有的安全检查表与通常的安全检查表略有不同，它不再着重于设计或操作特点，而着重在危险和事故产生的原因。这些安全检查表启发评价人员对与工艺过程有关的危险类型和原因的思考。

故障假设/安全检查表分析法可用于各种类型的工艺过程或者是项目发展的各个阶段。一般用于分析主要的事故情况及其可能后果，是一种粗略、在较大层面上的分析。

故障假设分析法与故障假设/安全检查表分析法的编制步骤如下。

（1）分析准备。

（2）构建一系列的故障假定问题和项目。

（3）使用安全检查表进行补充。

（4）分析每一个问题和项目。

（5）编制分析结果文件，当同时使用安全检查表建立故障假设问题和项目时，步骤（2）和（3）就合为一个步骤。

2.7.7 人的可靠性分析法

人的可靠性是指使系统可靠或正常运转所必需的人的正确活动的概率。人的可靠性分析可作为一种设计方法，使系统中人为失误的概率减小到可接受的水平。人为失误的严重性是根据可能导致的后果来划分的，如损害系统的功能、降低安全性、增加费用等。在大型人机系统中，人的可靠性分析常作为系统概率危险评价的一部分。

人的可靠性分析法很少单独使用，大多数情况下，与其他评价方法（如 HAZOP、FMEA、FTA 等方法）结合使用，识别出具体、严重后果的人为失误。

人的可靠性分析法编制步骤如下。

（1）描述人员特点、作业环境、所执行的工作任务。

（2）评价人机界面。

（3）执行操作者功能的任务分析。

（4）分析操作人员职责。

（5）进行与操作者职责有关的人为失误分析。

（6）汇总结果。

2.7.8 故障类型和影响分析法

故障类型及影响分析法（failure mode and effects analysis，FMEA）是安全系统工程中重要分析方法之一。它采取系统分割的概念，根据实际需要把系统分割成子系统，或进一步分割成元件。然后对系统的各个组成部分进行逐个分析，寻求各组成部分中可能发生的故障、故障因素以及可能出现的事故，可能造成的人员伤亡的事故后果，查明各种故障类型对整个系统的影响，并提出防止或消除事故的措施。

2.7.8.1 故障类型及影响分析的概念

故障类型及影响分析有以下基本概念。

（1）故障　一般是指元件、子系统、系统在规定的运行时间、条件内，达不到设计规定的功能。

（2）故障模式　是从不同表现形态来描述故障的，是故障现象的一种表征，即由故障机理发生的结果——故障状态。

（3）故障原因　系统、产品等产生故障的原因。

（4）故障机理　是指诱发零件、产品、系统发生故障的物理与化学过程、电学与机械学过程，也可以说是形成故障源的原因。

（5）故障效应　指的是某一故障发生后，它对系统、子系统、部件有什么影响，影响程度有多大。

2.7.8.2 故障模式及影响分析的特点

要保证系统或产品的可靠性，最好的方法就是预防故障。为预防故障，就要预测故障的发生。在可靠性工程中预测方法很多，故障模式及影响分析是其中一种有代表性的研究方法，其特点如下。

（1）故障模式及影响分析是通过原因来分析系统故障（结果）。即用系统工程方法，从元件（或组件）的故障开始，由下向上逐次分析其可能发生的问题，预测整个系统的故障，利用表格形式，找出不希望的初始原因事件。

（2）系统发生故障便可能丧失其功能。故障模式及影响分析除考虑系统中各组成部分上、下级的层次概念，如物理、空间、时间关系外，还主要考虑功能联系。从可靠性的角度看，则侧重于建立上级和下级的逻辑关系。因此，故障模式及影响分析是以功能为中心、以逻辑推理为重点的分析方法。

（3）该方法是一种定性分析方法，不需要数据作为预测依据，只要有理论知识和过去故障的经验积累就可以了，因而便于掌握。当个人知识不够时，可采用集思广益的办法进行分析。

（4）该方法适用于产品设计、工艺设计、装备设计和预防维修等环节。

2.7.8.3 故障模式及影响分析的目的和要求

故障模式及影响分析是按一定程序和表格（即模型）进行的，通过分析应达到以下的目的和要求。

（1）搞清楚系统或产品的所有故障模式及其对系统或产品功能以及对人、环境的影响。

（2）对于有可能发生的故障模式，提出可行的控制方法和手段。

（3）在系统或产品设计审查时，找出系统或产品中薄弱环节和潜在缺陷，并提出改进设计意见，或定出应加强研究的项目，以提高设计质量，降低失效率，或减少损失。

（4）必要时对产品供应列入特殊要求，包括设计、性能、可靠性、安全性或质量保证的要求。

（5）对于由协作厂提供的部件以及对于应当加强试验的若干参数，需要制定严格的验收标准。

（6）明确提出在何处应制定特殊的规程和安全措施，或设置保护性设备、监测装置或报警系统。

（7）为系统安全分析、预防维修提供有用的资料。

2.7.8.4 故障模式及影响分析的分析步骤

故障模式及影响分析的分析思路是，从设计功能上，按照系统-子系统-元件顺序分解研究故障模式，再按逆过程即元件-子系统-系统顺序研究故障的影响，选择对策，改进设计。因此，其分析步骤按图 2-7 所示。

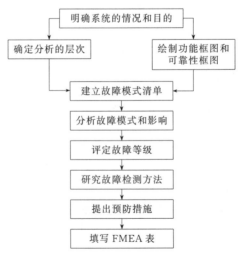

图 2-7　故障模式及影响分析程序框图

下面对程序中的几个步骤加以说明。

（1）明确系统的情况和目的。在分析步骤中首先应对系统的任务、功能、结构和运行条件等诸方面有一个全面的了解，需要了解系统的设计任务书、技术设计说明书、图纸、使用说明书、标准、规范、事故情报等资料。

（2）确定分析的层次。分析开始时就要根据系统的情况，决定分析到什么层次，这是一个重要的问题。

（3）绘制功能框图和可靠性框图。为了便于分析，按系统工程的原理，将系统功能分解，绘制功能框图；可靠性框图是从可靠性的角度建立的模型，它把实际系统的物理、空间要素与现象表示为功能与功能之间的联系，尤其明确了它们之间的逻辑关系。

（4）建立故障模式清单、分析故障模式及影响。这一步是实施故障模式及影响分析的核心，通过对可靠性框图所列全部项目的输出分析，根据理论知识、实践经验和有关的故障资料，判明系统中所有实际可能出现的故障模式，即导致规定输出功能的差异和偏差。

（5）研究故障检测方法。设定故障发生后，说明故障所表现的异常状态及如何检测。对保护装置和警报装置，要研究能被检测出的程度如何并做出评价。

（6）确定故障等级。故障等级是衡量对系统任务、人员安全造成影响的尺度。各种故障模式所引起的子系统、系统事故有很大的差别，在处置措施上应区别对待，因此有必要对故障的等级进行划分。确定故障等级的方法主要有简单划分法、评点法、风险矩阵法等。故障模式分级见表 2-19。

表 2-19　故障模式分级

故障等级	影响程度	可能造成的危害或损失
Ⅳ级	致命性的	可能造成死亡或系统损失
Ⅲ级	严重的	可能造成严重伤害、严重职业病或主要系统损坏
Ⅱ级	临界的	可能造成轻伤、职业病或次要系统损坏
Ⅰ级	可忽略的	不会造成伤害和职业病，系统也不会受损

2.7.9　因果分析图法（鱼刺图法）

鱼刺图又称为因果分析图、因果图、特性图或树枝图等。该法在 1953 年首次应用于日本，后来推广到其他国家，把它应用到安全分析方面，成为一种重要的事故分析方法。

用这种方法分析事故，可以使复杂的原因系统化、条理化，把主要原因搞清楚，也就明确了预防对策。因其所绘制的分析图形像一条完整的鱼，有骨有刺，故名鱼刺图。

鱼刺图是由原因和结果两部分构成的。一般情况下，可从人的不安全行为（安全管理者、设计者、操作者等）和物质条件构成的不安全状态（设备缺陷、环境不良等）两大因素中，从大到小，从粗到细，由表及里，一层一层深入分析。

在绘制图形时，一般可按下列步骤进行。

（1）确定要分析的某个特定问题或事故，写在图的右边，画出主干，箭头指向右端。

（2）确定造成事故的因素分类项目，如安全管理、操作者、材料、方法、环境等，并画大枝。

（3）将上述项目深入发展，中枝表示对应的项目造成事故的原因，一个原因画出一枝，文字记在中枝线的上下。

（4）将上述原因层层展开，一直到不能再分为止。

（5）确定鱼刺图中的主要原因，并标上符号，作为重点控制对象。

（6）注明鱼刺图的名称。

上述步骤可归纳为：针对结果，分析原因；先主后次，层层深入。

2.7.10　危险指数评价法

危险指数评价法是通过评价人员对几种工艺现状及运行的固有属性（是以作业现场危险度、事故概率和事故严重度为基础，对不同作业现场的危险性进行鉴别）进行比较计算，确定工艺危险特性重要性大小及是否需要进一步研究。

危险指数评价可以运用在工程项目的各个阶段（可行性研究、设计、运行等），或在详细的设计方案完成之前，或在现有装置危险分析计划制定之前。当然它也可用于在役装置，作为确定工艺操作危险性的依据。

目前已有好几种危险等级方法得到广泛的应用。此方法使用起来可繁可简，形式多样，既可定性又可定量。例如，评价者可依据作业现场危险度、事故概率、事故严重度的定性评估，对现场进行简单分级。或者，较为复杂的，通过对工艺特性赋予一定的数值组成数值表，可用此表计算数值化的分级因子。常用评价方法有如下几种：道化学火灾、爆炸危险指数评价法；ICI公司研制的蒙德法；易燃易爆重大危险源评价分析法；化工厂危险等级指数法；危险度评价法。

2.7.10.1　道化学火灾、爆炸危险指数评价法

美国道化学公司自1964年开发"火灾、爆炸危险指数评价法"（第1版）以来，历经29年，不断修改完善，在1993年推出了第7版。道化学火灾、爆炸危险指数评价法（第7版）根据以往的事故统计资料、物质的潜在能量和现行的安全措施情况，利用系统工艺过程中的物质、设备、设备操作条件等数据，通过逐步推算的公式，对系统工艺装置及所含物料的实际潜在火灾、爆炸危险、反应性危险进行评价。

（1）道化学火灾、爆炸指数评价法特点

① 对化工方面较广范围内的工程及储存设备、装置、易燃易爆化学物质使用管理进行评价。

② 考虑安全措施补偿系数对评价结果的影响程度。

③ 考虑特殊工艺危险系数对评价结果的影响。

④ 该方法能对化工生产、使用储存设备和装置危险度进行定量的评价，并能量化潜在火灾、爆炸和反应性事故的预期损失。

（2）道化学火灾、爆炸指数评价法应用范围　道化学火灾、爆炸指数评价法（第7版）要求，评价单元内可燃、易燃、易爆等危险物质的最低限量为2270kg或$2.27m^3$，小规模试验工厂上述物质的最低量为454kg或$0.454m^3$，评价结果才有意义。若单元内物料量较少，则评价结果就有可能被夸大。

道化学火灾、爆炸指数评价法在各种评价类型中都可以使用，尤其在安全预评价中使用得最多。由于安全预评价阶段是根据项目的可行性研究分析报告，为了采取有效的措施降低财产损失，通过道化学火灾、爆炸指数评价法计算暴露危险区域的半径，在设计阶段通过改变平面布置增大间距或减少暴露危险区域的投资来降低或减少事故发生带来的风险。

（3）道化学火灾、爆炸指数评价法程序

① 准备资料。包括准确无误的工厂设计方案（设计图纸）、工艺流程图、F&EI危险分级指南（道化学公司第7版）、F&EI计算表、单元分析汇总表、工厂危险分析汇总表、工艺设备成本表等。

② 确定评价单元。划分评价单元时要考虑工艺过程，评价单元应反映最大的火灾、爆炸危险。评价单元可以是独立的生产装置，也可以是工艺装置的任一主要单元或生产单

（包括化学工艺、机械加工、仓库、包装线等在内的整个生产设施），与其他部分保持一定的距离，或用防火墙隔离开来。

③ 求取单元内重要物质的物质系数 MF。评价单元的物质系数，它是一个最基础的数值。这个系数是由评价单元的物质本身具有的潜在化学能即物质的燃烧性和化学活性等内在特性决定的。物质系数 MF 由物质可燃性 N_f 和化学活泼性（不稳定性）N_r 求得。单物质的物质系数可通过查表来获取，评价单元内混合物的物质系数是由单元内最危险物质（最大组分浓度≥5％以上）的物质系数确定。由于物质的内在特性，有时需要对物质系数进行温度（工艺单元温度超过 60℃）修正。

④ 根据单元的工艺条件，采用适当的危险系数，求得单元一般工艺危险系数 F_1 和特殊工艺危险系数 F_2。一般工艺危险系数 F_1 是确定事故损害大小的主要因素，它等于基本系数与所有选取的一般工艺危险系数之和。特殊工艺危险系数 F_2 是影响事故发生概率的主要因素，等于基本系数与所有选取的特殊工艺危险系数之和。

⑤ 一般工艺危险系数 F_1 和特殊工艺危险系数 F_2 的乘积（$F_3 = F_1 F_2$）即为工艺单元危险系数 F_3（F_3 取值范围为 1～8，若 $F_3 > 8$，则按 8 计）。它表明了单元的危险程度，由工艺单元危险系数 F_3 和物质系数 MF 来确定表示损失大小的危害系数（危害系数≤1）。

⑥ 工艺单元的危险系数 F_3 与物质系数 MF 的乘积（F&EI＝F_3×MF），为火灾、爆炸指数 F&EI，来确定该单元影响区域的大小以及评价单元的危险程度，得出评价结果。

⑦ 用火灾、爆炸指数 F&EI 计算出单元的暴露区域半径 R（单位 m），并计算暴露面积 A［$R = 0.84$ F&EI（单位 ft）＝0.256 F&EI（单位 m）；$A = \pi R^2$（单位 m^2）］。

⑧ 确定安全措施补偿系数 C。安全措施补偿系数 C 为工艺控制补偿系数 C_1（C_1 为其下属子系数的乘积）、物质隔离补偿系数 C_2（C_2 为其下属子系数的乘积）、防火措施补偿系数 C_3（C_3 为其下属子系数的乘积）三者的乘积，即 $C = C_1 C_2 C_3$。安全措施补偿系数的值越小，事故的损失也越小。一般来说，安全措施补偿系数 C 的值小于 1。

⑨ 确定暴露区域内的财产价值。暴露区域内的财产价值可由区域内含有的财产（包括存在的物料）的更换价值确定。更换价值＝原来成本×0.82×增长系数，增长系数一般由工程预算专家确定。

⑩ 确定基本最大可能财产损失（base MPPD）。基本最大可能财产损失是假定没有任何一种安全措施来降低损失。基本最大可能财产损失是由暴露区域内财产更换价值和危害系数相乘得到的，即：基本最大可能财产损失＝暴露区域内财产更换价值×危害系数。

⑪ 实际最大可能财产损失（actual MPPD）。基本最大可能财产损失与安全措施补偿系数的乘积就是实际最大可能财产损失，即：实际最大可能财产损失＝基本最大可能财产损失×安全措施补偿系数。它表示在采取适当的（但不完全理想）防护措施后事故造成的财产损失。如果这些防护装置出现故障，其损失值就接近于基本最大可能财产损失。

⑫ 确定最大可能工作日损失（MPDO）。通过最大可能工作日损失与实际最大可能财产损失之间的方程关系并结合计算表来确定最大可能工作日损失。

⑬ 停产损失（BI）。停产损失 BI＝MPDO/30×VPM×0.7（式中，VPM 为每月产值，0.7 代表固定成本和利润）。

通常来说，我们国家做的安全评价都执行步骤①～⑧，步骤⑨～⑬为财产损失计算，由于需要财务方面的一些数据，因此在实际评价项目中由于数据不全，很少评价工艺单元内相关的财产损失和工作日损失。

道化学火灾、爆炸危险指数评价法（第 7 版）评价程序见图 2-8。

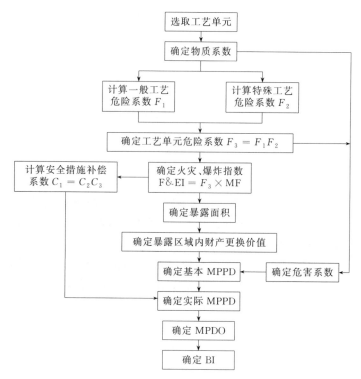

图 2-8 道化学火灾、爆炸危险指数评价法（第 7 版）评价程序

2.7.10.2 ICI 蒙德法（火灾、爆炸、毒性指标评价法）

ICI 蒙德法是在道化学火灾、爆炸危险指数评价法的巨大成就上，做进一步补充和扩展而产生的定量评价方法。它不仅详细规定了各种附加因素增加比例的范畴，而且针对所有的安全措施引进了补偿系数，同时扩展了毒性指标，使评价结果更加切合实际。

（1）ICI 蒙德法特点 ICI 蒙德法突出了毒性对评价单元的影响，考虑火灾、爆炸、毒性危险方面的影响范围及安全补偿措施方面都较道化学公司火灾、爆炸危险指数评价法更加全面，在安全补偿方面强调了工程管理和安全态度，突出了企业管理的重要性。该方法可以对较广范围进行全面、有效、更为接近实际的评价。

（2）ICI 蒙德法应用范围 ICI 蒙德法与道化学火灾、爆炸指数评价法一样，可以在各种评价类型中使用，评价人员可以根据经验和实际的需要选择相关的评价方法。特别是针对有毒性指标的装置，应用 ICI 蒙德法对装置潜在的危险性初期评价比道化学火灾、爆炸指数评价法更加切合实际。

（3）ICI 蒙德法编制步骤

① 单元危险性的初期评价。综合评价单元内的物质系数（B）、特殊物质系数（M）、一般工艺过程危险系数（P）、特殊工艺过程危险系数（S）、量的危险系数（Q）、配置危险系数（L）、毒性危险系数（T），按一定计算公式计算出各评价单元的 DOW/ICI 总指标（D）、火灾负荷（F）、装置内部爆炸指标（E）、环境气体爆炸指标（A）、单元毒性指标（U）、主毒性事故指标（C），最后求出全体危险性评分（R），并将计算结果按 R 值的大小范围分成 8 个等级。

② 单元危险性的最终评价。根据工程设计中提出的安全对策措施，确定补偿系数 K_1、K_2、K_3、K_4、K_5、K_6，然后根据单元初期评价结果和补偿系数，计算出火灾负荷（F）、装置内部爆炸指标（E）、环境气体爆炸指标（A）、全体危险性评分（R）的补偿值 F_2、

E_2、A_2、R_2。

ICI 公司蒙德法评价程序详见图 2-9。

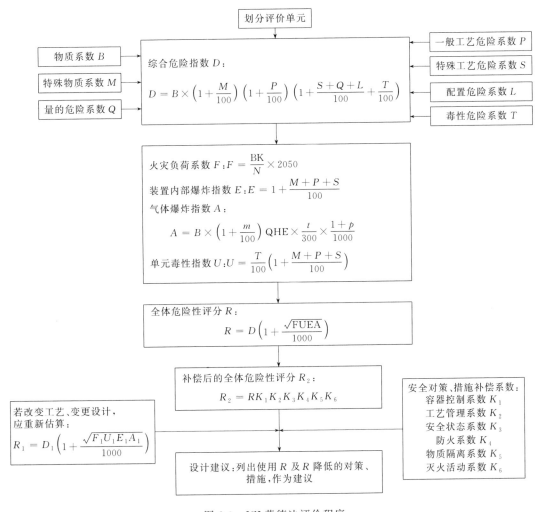

图 2-9　ICI蒙德法评价程序

2.7.10.3　易燃、易爆、有毒重大危险源评价法

重大危险源是指长期或临时地生产、加工、搬运、使用或储存危险物质，且危险物质的数量等于或超过临界量的单元。单元是指一个（套）生产装置、设施或场所，或同属于一个工厂，且边缘距离小于 500m 的几个（套）生产装置、设施或场所。在安全评价过程中，评价人员可以根据实际工作要求的需要对企业辨识出的重大危险源用易燃、易爆、有毒重大危险源评价法对重大危险源进行量化的评价。

（1）易燃、易爆、有毒重大危险源评价法特点　易燃、易爆、有毒重大危险源评价法是一种定量的评价方法，能较准确地评价出系统内危险物质、工艺过程的危险程度、危险性等级，较精确地计算出事故后果的严重程度（危险区域范围、人员伤亡和经济损失），提出工艺设备、人员素质以及安全管理三方面的 107 个指标组成的评价指标集。

该方法需要人员具有较高的综合能力，方法程序操作复杂，需要确定的参数指标较多。

（2）易燃、易爆、有毒重大危险源评价法应用范围　该方法适用于各类安全评价及安全评价过程中对重大危险源的评价。

（3）易燃、易爆、有毒重大危险源评价法步骤　固有危险性评价分为事故易发性评价和事故严重度评价。事故易发性取决于危险物质事故易发性与工艺过程危险性的耦合，其主要内容包括以下几方面。

① 物质事故易发性的评价。

② 工艺过程事故易发性的评价。

③ 事故严重度的评价。

④ 危险性分级与危险控制程度分级。

2.7.11　概率风险评价分析法

2.7.11.1　事故树分析法

事故树就是从结果到原因描述事件发生的有向逻辑树，对这种树进行演绎分析，寻求防止结果发生的对策，这种方法就称为事故树分析法（fault tree analysis，FTA）。

事故树分析是一种表示导致灾害事故的各种因素之间的因果及逻辑关系图。也就是在设计过程中或现有生产系统和作业中，通过对可能造成系统事故或导致灾害后果的各种因素（包括硬件、软件、人、环境等）进行分析，根据工艺流程、先后次序和因果关系绘出逻辑图（即事故树），从而确定系统故障原因的各种可能组合方式（即判明灾害或功能故障的发生途径及导致灾害、功能故障的各因素之间的关系）及其发生概率，进而计算系统故障概率，并据此采取相应的措施，以提高系统的安全性和可靠性。

（1）事故树分析的特点　事故树分析具有以下特点。

① 事故树分析是一种图形演绎方法，是故障事件在一定条件下的逻辑推理方法。它可以就某些特定的故障状态做逐层次深入地分析，分析各层次之间各因素的相互联系与制约关系，即输入（原因）与输出（结果）的逻辑关系，并且用专门符号标示出来。

② 事故树分析能对导致灾害或功能事故的各种因素及其逻辑关系做出全面、简洁和形象的描述，为改进设计、制定安全技术措施提供依据。

③ 事故树分析不仅可以分析某些元、部件故障对系统的影响，而且可对导致这些元、部件故障的特殊原因（人的因素、环境等）进行分析。

④ 事故树分析可作为定性评价，也可定量计算系统的故障概率及其可靠性参数，为改善和评价系统的安全性和可靠性提供定量分析的数据。

⑤ 事故树是图形化的技术资料，具有直观性，即使不曾参与系统设计的管理、操作和维修人员通过阅读也能全面了解和掌握各项防灾控制要点。

进行事故树分析的过程，也是对系统深入认识的过程，可以加深对系统的理解和熟悉，找出薄弱环节，并加以解决，避免事故发生。事故树分析除可作为安全性和可靠性分析外，还可在安全上进行事故分析及安全评价。另外，还可用于设备故障诊断与检修表的制定。

（2）事故树分析的程序　事故树分析的程序，常因评价对象、分析目的、粗细程度的不同而不同，但一般可按如下程序进行，见图 2-10，具体如下。

① 熟悉系统。全面了解系统的整体情况，包括系统性能、工作程序、各种重要的参数、作业情况及环境状况等，必要时绘出工艺流程图及其布置图。

② 调查事故。尽量广泛地了解系统的事故。既包括分析系统已发生的事故，也包括未来可能发生的事故，同时也要调查外单位和同类系统发生的事故。

③ 确定顶上事件。所谓顶上事件就是我们要分析的对象事件——系统失效事件。对调查的事故，要分析其严重程度和发生的频率，从中找出后果严重且发生概率大的事件作为顶上事件。也可事先进行预先危险性分析（PHA）、故障模式及影响分析（FMEA）、事件树

分析（ETA），从中确定顶上事件。

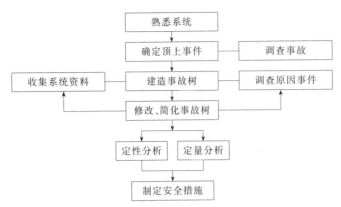

图 2-10　事故树分析的一般程序

④ 调查原因事件。调查与事故有关的所有原因事件和各种因素，包括：机械设备故障，原材料、能源供应不正常（缺陷），生产管理、指挥和操作上的失误和差错，环境不良等。

⑤ 建造事故树。这是事故树分析的核心部分之一。根据上述资料，从顶上事件开始，按照演绎法，运用逻辑推理，一级一级找出所有直接原因事件，直到最基本的原因事件为止。按照逻辑关系，用逻辑门连接输入输出关系（即上下层事件），画出事故树。

⑥ 修改、简化事故树。在事故树建造完成后，应进行修改和简化，特别是在事故树的不同位置存在相同基本事件时，必须用布尔代数进行整理化简。

⑦ 定性分析。求出事故树的最小割集或最小径集，确定各基本事件的结构重要度大小。根据定性分析的结论，按轻重缓急分别采取相应对策。

⑧ 定量分析。应根据需要和条件来确定。包括确定各基本事件的故障率或失误率，并计算其发生概率，求出顶上事件发生的概率，同时对各基本事件进行概率重要度分析和临界度分析。

⑨ 制定安全措施。制造事故树的目的是查找隐患，找出薄弱环节，查出系统的缺陷，然后加以改进。在对事故树全面分析之后，必须制定安全措施，防止灾害发生。安全措施应在充分考虑资金、技术、可靠性等条件之后，选择最经济、最合理、最切合实际的对策。

（3）事故树的建造　事故树是由各种符号和其连接的逻辑门组成的。

逻辑门符号是连接各个事件并表示逻辑关系的符号。其中主要有与门、或门、条件与门、条件或门以及限制门。

当事故树规模很大时，需要将某些部分画在别的纸上，这就要用转出和转入符号，以标出向何处转出和从何处转入。

表 2-20 为常见的符号及其意义。

表 2-20　事故树符号

符号类型	符号名称	符号图形	符号意义
事件符号	矩形符号		表示顶上事件或中间事件
	圆形符号		表示基本事件，可以是人的差错，也可以是设备机械故障、环境因素等

续表

符号类型	符号名称	符号图形	符号意义
事件符号	屋形符号		表示正常事件,是系统在正常状态下发生的正常事件
	菱形符号		表示省略事件,即表示事前不能分析,或者没有再分析下去的必要的事件
逻辑门符号	与门符号		输入事件 B_1、B_2 同时发生的情况下,输出事件 A 才会发生
	或门符号		输入事件 B_1 或 B_2 中,任何一个事件发生都可以使事件 A 发生
	条件与门符号		只有当 B_1、B_2 同时发生,且满足条件 α 的情况下,A 才会发生,相当于三个输入事件的与门
	条件或门符号		表示 B_1 或 B_2 任何一个事件发生,且满足条件 β,输出事件 A 才会发生
	限制门符号		是逻辑上的一种修正符号,即输入事件发生且满足条件 γ 时,才产生输出事件
转移符号	转出符号		表示向其他部分转出,△内记入向何处转出的标记

续表

符号类型	符号名称	符号图形	符号意义
转移符号	转入符号		表示向其他部分转入，△内记入从何处转入的标记

在建造事故树时，希望有一些启发性的指导原则，根据以往的经验可归纳成以下几条。

① 事件符号内必须填写具体事件，每个事件的含义必须明确、清楚，不能把管理上的状况和人的状态写入其中，不得写入笼统、含糊不清或抽象的事件。

② 尽可能地将一些事件划分为更明白的基本事件。

③ 找出每一级中间事件（或顶上事件）的全部直接原因。直接原因的概念是根据系统的"信号"或"能流"传递的次序来寻找的。

④ 将触发事件同"无保护动作"配合起来。

⑤ 找出相互促进的原因。

事故树应能反映出系统故障的内在联系和逻辑关系，同时能使人一目了然，形象地掌握这种联系与关系，并据此进行正确的分析，为此，制造事故树应注意以下几点。

① 熟悉分析系统。

② 选好顶上事件。

③ 合理确定系统的边界条件。

④ 调查事故事件是系统故障事件还是部件故障事件。

⑤ 准确判明各事件间的因果关系和逻辑关系。

⑥ 避免门连门。

2.7.11.2　事件树分析法

事件树分析（event tree analysis，ETA）是安全系统工程中常用的一种演绎推理分析方法，起源于决策树分析（简称 DTA），它是一种按事故发展的时间顺序由初始事件开始推论可能的后果，从而进行危险源辨识的方法。

事件树分析的理论基础是运筹学中的决策论，它是一种归纳法，是从给定的一个初始时间的事故原因开始，按时间进程采用追踪方法，对构成系统的各要素（事件）的状态（成功或失败）逐项进行二者择一的逻辑分析，分析初始条件的事故原因可能导致的时间序列的结果，将会造成什么样的状态，从而定性与定量地评价系统的安全性，并由此获得正确的决策。由于事件序列是按一定时序进行的，因此，事件树分析是一种动态的分析过程，同时，事件序列是以图形表示的，其形状呈树枝形，故称为事件树。

（1）事件树分析的功用　事件树分析的功用如下。

① 事件树分析是一个动态分析过程，因此，通过事件树分析可以看出系统变化过程，查明系统中各个构成要素对导致事故发生的作用及其相互关系，从而判别事故发生的可能途径及其危害性。

② 由于事件树分析时，在事件树上只有两种可能状态，即成功或失败，而不考虑某一局部或具体的故障情节，因此，可以快速推断和找出系统的事故，并能指出避免发生事故的途径，进而改进系统的安全状况。

③ 根据系统中各个要素（事件）的故障概率，可以概略地计算出不希望事件的发生概率。

④ 找出最严重的事故后果，为事故树确定顶上事件提供依据。

⑤ 该法可以对已发生的事故进行原因分析。

（2）事件树分析的基本原理　事件树是一种从原因到结果的分析过程。其基本原理是：任何事物从初始原因到最终结果所经历的每一个中间环节都有成功（或正常）或失败（或失效）两种可能或分支。如果将成功记为1，并作为上分支，将失败记为0，作为下分支；然后再分别从这两个状态开始，仍按成功（记为1）或失败（记为0）两种可能分析；这样一直分析下去，直到最后结果为止，最后即形成一个水平放置的树状图。

从事故的发生过程看，任何事故的瞬间发生都是由于在事物的一系列发展变化环节中接二连三"失败"所致。因此，利用事件树原理对事故的发展过程进行分析，不但可以掌握事故过程规律，还可以辨识导致事故的危险源。

事件树分析是利用逻辑思维的规律和形式，分析事故的起因、发展和结果的整个过程。利用事件树，分析事故的发生过程，是以"人、机、物、环境"综合系统为对象，分析各环节事件成功与失败两种情况，从而预测系统可能出现的各种结果。

（3）事件树分析的步骤　事件树分析通常包括四步：确定初始事件、找出与初始事件有关的环节事件、画事件树、说明分析结果。

① 确定初始事件。初始事件是事件树中在一定条件下造成事故后果的最初原因事件。它可以是系统故障、设备失效、人员误操作或工艺过程异常等。一般情况下，分析人员选择最感兴趣的异常事件作为初始事件。

② 找出与初始事件有关的环节事件。所谓环节事件就是出现在初始事件后一系列可能造成事故后果的其他原因事件。

③ 画事件树。把初始事件写在最左边，各个环节事件按顺序写在右面；从初始事件画一条水平线到第一个环节事件，在水平线末端画一垂直线段，垂直线段上端表示成功，下端表示失败；再从垂直线两端分别向右画水平线到下个环节事件，同样用垂直线段表示成功和失败两种状态；以此类推，直到最后一个环节事件为止。如果某一个环节事件不需要往下分析，则水平线延伸下去，不发生分支，如此便得到事件树。

④ 说明分析结果。在事件树最后面写明由初始事件引起的各种事故结果或后果。为清楚起见，对事件树的初始事件和各环节事件用不同字母加以标记。

2.7.12　伤害范围评价分析法

火灾、爆炸、中毒是常见的重大事故，经常造成严重的人员伤亡和巨大的财产损失，影响社会安定。伤害范围评价分析法主要是在评价过程中，通过分析火灾、爆炸和中毒事故，运用在一系列的假设前提下按理想的情况建立的数学模型，计算实际事故发生伤害的范围，该方法可能与实际情况有较大出入，但对辨识危险性来说是可参考的。

2.7.12.1　泄漏

由于设备损坏或操作失误引起泄漏从而大量释放易燃、易爆、有毒有害物质，将会导致火灾、爆炸、中毒等重大事故发生。因此，后果分析由泄漏开始。

根据各种设备泄漏情况分析，可将工厂（特别是化工厂）中易发生泄漏的设备分类，通常归纳为：管道、挠性连接器、过滤器、阀门、压力容器或反应器、泵、压缩机、储罐、加压或冷冻气体容器及火炬燃烧装置或放散管十类。

泄漏一旦出现，其后果不单与物质的数量、易燃性、毒性有关，而且与泄漏物质的相态、压力、温度等状态有关。这些状态可有多种不同的结合，在后果分析中，常见的可能结合有四种：常压液体、加压液化气体、低温液化气体以及加压气体。

泄漏物质的物性不同，其泄漏后果也不同。

（1）可燃气体泄漏 可燃气体泄漏后与空气混合达到燃烧极限时，遇到引火源就会发生燃烧或爆炸。泄漏后起火的时间不同，泄漏后果也不相同。

① 立即起火。可燃气体从容器中往外泄出时即被点燃，发生扩散燃烧，产生喷射性火焰或形成火球，它能迅速地危及泄漏现场，但很少会影响到厂区的外部。

② 滞后起火。可燃气体泄出后与空气混合形成可燃蒸气云团，并随风飘移，遇火源发生燃爆或爆炸，能引起较大范围的破坏。

（2）有毒气体泄漏 有毒气体泄漏后形成云团在空气中扩散，有毒气体的浓密云团将笼罩很大的空间，影响范围广。

（3）液体泄漏 一般情况下，泄漏的液体在空气中蒸发而生成气体，泄漏后果与液体的性质和储存条件（温度、压力）有关。

① 常温常压下液体泄漏。这种液体泄漏后聚集在防液堤内或地势低洼处形成液池，液体由于池表面风的对流而缓慢蒸发，若遇引火源就会发生池火灾。

② 加压液化气体泄漏。一些液体泄漏时将瞬时蒸发，剩下的液体将形成一个液池，吸收周围的热量继续蒸发。液体瞬时蒸发的比例取决于物质的性质及周围环境。有些泄漏物可能在泄漏过程中全部蒸发。

③ 低温液体泄漏。这种液体泄漏时将形成液池，吸收周围热量蒸发，蒸发量低于加压液化气体的泄漏量，高于常温常压下液体的泄漏量。

无论是气体泄漏还是液体泄漏，泄漏量的多少都是决定泄漏后果严重程度的主要因素，而泄漏量又与泄漏时间长短有关。

2.7.12.2 火灾

易燃易爆的气体或液体或泄漏后遇到引火源就会被点燃而着火燃烧。它们被点燃后的燃烧方式有池火、喷射火、火球和突发火四种。

火灾通过辐射热的方式影响周围环境，当火灾发生的热辐射强度足够大时，可使周围的物体燃烧或变形，强烈的热辐射可能烧毁设备甚至造成人员伤亡等。

火灾损失估算建立在辐射通量与损失等级的相应关系的基础上。表 2-21 为不同入射通量造成伤害或损失的情况。

表 2-21 热辐射的不同入射通量所造成的损失

入射通量/(kW/m²)	对设备的损害	对人的伤害
37.5	操作设备全部损坏	1%死亡/10s100%死亡/1min
25	在无火焰、长时间辐射下，木材燃烧的最小能量	重大损伤/10s100%死亡/1min
12.5	有火焰时，木材燃烧，塑料熔化的最低能量	1度烧伤/10s1%死亡/1min
4.0	—	20s以上感觉疼痛，未必起泡
1.6	—	长期辐射无不舒服感

从表中可以看出，在较小辐射等级时，致人重伤需要一定的时间，这时人们可以逃离现场或掩蔽起来。

2.7.12.3 爆炸

爆炸是物质的一种非常急剧的物理、化学变化，也是大量能量在短时间内迅速释放或急剧转化成机械功的现象。它通常是借助于气体的膨胀来实现。从物质运动的表现形式来看，爆炸就是物质剧烈运动的一种表现。物质运动急剧增速，由一种状态迅速地转变成另一种状态，并在瞬间内释放出大量的热。

一般将爆炸过程分为两个阶段：第一阶段是物质的能量以一定的形式（定容、绝热）转变为强压缩能；第二阶段强压缩能急剧绝热膨胀对外做功，引起作用介质变形、移动和破坏。

按爆炸性质可分为物理爆炸和化学爆炸。物理爆炸就是物质状态参数（温度、压力、体积）迅速发生变化，在瞬间放出大量能量并对外做功的现象。其特点是在爆炸现象发生过程中，造成爆炸发生的介质的化学性质不发生变化，发生变化的仅是介质的状态参数。物理爆炸仅释放出机械能，影响范围较小。化学爆炸就是物质由一种化学结构迅速转变为另一种化学结构，在瞬间放出大量能量并对外做功的现象。其特点是爆炸发生过程中介质的化学性质发生了变化，形成爆炸的能源来自物质迅速发生化学变化时所释放的能量。化学爆炸时会释放出大量的化学能，爆炸影响范围较大。

物理爆炸如压力容器破裂时，气体膨胀所释放的能量（即爆炸能量）不仅与气体压力和容器的容积有关，而且与介质在容器内的物性相态有关。

压力容器爆破时，爆破能量在向外释放时以冲击波能量、碎片能量和容器残余变形能量三种形式表现出来。其中，后二者所消耗的能量只占爆破能量的 3%～5%，也就是说，大部分能量是产生空气冲击波。

冲击波是由压缩波叠加形成的，是波阵面以突进形式在介质中传播的压缩波。容器破裂时，容器内的高压气体大量冲出，使它周围的空气受到冲击而发生扰动，使其状态（压力、密度、温度等）发生突跃变化，其传播速度大于扰动介质的声速，这种扰动在空气中传播就成为冲击波。

冲击波伤害/破坏作用准则有超压准则、冲量准则、超压-冲量准则等，下面仅介绍超压准则。超压准则认为，只要冲击波超压达到一定值时，便会对目标造成一定的伤害或破坏。冲击波超压对人体的伤害作用和对建筑物的破坏作用见表 2-22 和表 2-23。

表 2-22　冲击波超压对人体的伤害作用

超压 ΔP/MPa	伤害作用	超压 ΔP/MPa	伤害作用
0.02～0.03	轻微损伤	0.03～0.05	听觉器官损伤或骨折
0.05～0.10	内脏严重损伤或死亡	>0.10	大部分人员死亡

表 2-23　冲击波超压对建筑物的破坏作用

超压 ΔP/MPa	破坏作用	超压 ΔP/MPa	破坏作用
0.005～0.006	门窗玻璃部分破碎	0.006～0.015	受压面的门窗玻璃大部分破碎
0.015～0.02	窗框损坏	0.02～0.04	墙裂缝
0.04～0.05	墙裂大缝，屋瓦掉下	0.06～0.07	木建筑厂房柱折断，房架松动
0.07～0.10	砖墙倒塌	0.10～0.20	防震钢筋混凝土破坏，小房屋倒塌
0.20～0.30	大型钢架结构破坏		

2.7.12.4　中毒

有毒物质泄漏后生成有毒蒸气云，它在空气中飘移、扩散，直接影响现场人员并可能波及居民区。大量剧毒物质泄漏可能带来严重的人员伤亡和环境污染。

毒物对人员的危害程度取决于毒物的性质、毒物的浓度和人员与毒物接触时间等因素。有毒物质泄漏初期，其毒气形成气团密集在泄漏源周围，随后由于环境温度、地形、风力和湍流等影响气团飘移、扩散，扩散范围变大，浓度减小。

2.8　新型安全评价方法

2.8.1　工作安全分析法

工作安全分析法是一项程序，它又称为作业安全分析法，由美国葛玛利教授在 1947 年提出，是欧美企业长期在使用的一套较先进的风险管理工具之一，近年来逐步被国内企业所认识并接受，率先在石油化工企业导入使用，并收到良好的成效。它能有序地对存在的危害进行识别、评估和制定实施控制措施的过程。组织者可以指导岗位工人对自身的作业进行危害辨识和风险评估，仔细地研究和记录工作的每一个步骤，识别已有或者潜在的危害。然后，对人员、程序、设备、材料和环境等隐患进行分析，找到最好的办法来减少或者消除这些隐患所带来的风险，以避免事故的发生。工作安全分析法是一种辨识危险的方法，是把工作分成若干步骤的做法，以及帮助员工认识危险的一种工具。

工作安全分析法以清单的形式列出系统中所有的工作任务以及每项任务的具体工序，对照相关的规程、条例、标准，并结合实际工作经验，分析每道工序中可能出现的危害因素。该方法结合风险矩阵法可以对危险源进行分级，同时提出可行的安全对策措施，是非常实用的一种分析方法。

2.8.1.1　工作安全分析法的优点

（1）方法简便、详尽、易掌握。

（2）方法包括了辨识、评价和风险控制的全部过程，便于员工理解和使用。

（3）不受行业限制，针对操作岗位都可以使用。

2.8.1.2　工作安全分析法的缺点

（1）风险分析小组人员要求至少是 3 个人，同时必须要求有操作工人的参与。

（2）步骤如果分解太多，必须要重新分解步骤（最多为 10 个步骤）。

（3）该方法需要充分的时间对工作从开始至结束的全过程进行多次观察。

（4）该方法只能定性，借助其他方法可以定量。

2.8.1.3　工作安全分析法的步骤

（1）首先明确事故及事故类型。

（2）分析整理各自的工作任务和工序。

（3）辨识每道工序的危险源。

（4）明确危险源可能产生的风险及后果。

（5）依据风险矩阵表进行风险评估。

（6）确定风险类型。

（7）提取管理对象，制定管理对象的管理标准。

（8）实施管理对象的所有管理标准与措施进行风险预控，预防风险的出现。

2.8.2　保护层分析法

保护层分析法是半定量的工艺危害分析方法之一。用于确定发现的危险场景的危险程度，定量计算危害发生的概率，已有保护层的保护能力及失效概率，如果发现保护措施不足，可以推算出需要的保护措施的等级。

保护层分析法是由事件树分析发展而来的一种风险分析技术，作为辨识和评估风险的半定量工具，是沟通定性分析和定量分析的重要桥梁与纽带。保护层分析耗费的时间比定量分析少，能够集中研究后果严重或高频率事件，善于识别、揭示事故场景的始发事件及深层次原因，集中了定性和定量分析的优点，易于理解，便于操作，客观性强，用于较复杂事故场景效果佳。所以在工业实践中一般在定性的危害分析如 HAZOP、检查表等完成之后，对得到的结果中过于复杂、过于危险的部分进行保护层分析，如果结果仍不足以支持最终的决策，则会进一步考虑定量分析方法。

保护层分析先分析未采取独立保护层之前的风险水平，通过参照一定的风险容许准则，再评估各种独立保护层将风险降低的程度，其基本特点是基于事故场景进行风险研究。保护层是一类安全保护措施，它是能有效阻止始发事件演变为事故的设备、系统或者动作。兼具独立性、有效性和可审计性的保护层称为独立保护层（independent protection layer，IPL），它既独立于始发事件，也独立于其他独立保护层。正确识别和选取独立保护层是完成保护层分析的重点内容之一。典型化工装置的独立保护层呈"洋葱"形分布，从内到外一般设计为：过程设计、基本过程控制系统、警报与人员干预、安全仪表系统、物理防护、释放后物理防护、工业紧急响应以及社区应急响应等。

保护层分析法可以定性使用，以简单分析危险或原因事件与结果之间的保护层。保护层分析法也可以进行半定量分析，以使 HOZAP 或 PHA 之后的筛查过程变得更严格。

2.8.2.1　保护层分析法的优点

（1）与事故树分析或全面定量风险评估相比，它需要更少的时间和资源，但是比定性主观判断更为严格。

（2）它有助于识别并将资源集中在最关键的保护层上。

（3）它识别了那些缺乏充分安全措施的运行、系统及过程。

（4）它关注最严重的结果。

2.8.2.2　保护层分析法的缺点

（1）保护层分析每次只能分析一个因果对和一个情景，并没有涉及风险或控制措施之间的相互影响。

（2）量化的风险可能没有考虑到普通模式的失效。

（3）保护层分析并不适用于很复杂的场景，也就是有很多因果对或各种结果会影响不同利益相关者的情景。

（4）对设备故障率技术数据要求较高，如果前期风险识别不好，可能导致费时费力。

2.8.2.3　保护层分析法的原理步骤

（1）保护层分析法需要输入的数据　有关风险的基本信息包括 PHA 规定的危险、原因及结果；有关现有或建议控制措施的信息；原因事件概率、保护层故障、结果措施及可容忍风险定义；初因事件概率、保护层故障、结果措施及可容忍风险定义。

（2）保护层分析法分析步骤　场景识别与筛选；初始事件（IE）确认；独立保护层（IPL）评估；场景频率计算；风险评估与决策；后续跟踪与审查。独立保护层（IPL）是一种设备系统或行动，能避免某个情景演变成独立于初因事项或与情景相关的任何其他保护层的不良后果。IPL 包括：设计特点；实体保护装置；联锁及停机系统；临界报警与人工干预；事件后实物保护；应急反应系统（程序与检查不是 IPL）。

（3）保护层分析法输出数据　给出有关需要采取进一步控制措施以及这些控制措施在降低风险方面效果的建议。

2.8.3　蝶形图分析法

蝶形图分析（bow tie analysis）是一种简单的图解形式，用来描述并分析某个风险从原因到结果的路径。可以将其视为分析事项起因（由蝶形图的结表示）的故障树以及分析结果的事件树这两种观点的统一体。但是，蝶形图分析的重点是原因与风险之间，以及风险与结果之间的障碍。在构建蝶形图时，首先要从故障树和事件树入手，但是，这种图形大多在头脑风暴式的讨论会上直接绘制出来。

2.8.3.1　蝶形图分析法的优点

（1）用图形清晰地表示问题，便于理解。

（2）关注的是为了达到预防及减缓目的而确定的障碍及其效力。

（3）可用于期望结果。

（4）使用时不需要较高的专业知识水平。

2.8.3.2　蝶形图分析法的缺点

（1）无法描述当多种原因同时发生时发生并产生结果时的情形。

（2）可能会过于简化复杂情况，尤其是试图量化的时候。

2.8.3.3　蝶形图分析法的步骤

（1）识别需要分析的具体风险，并将其作为蝶形图的中心结。

（2）列出造成结果的原因。

（3）识别由风险源到事故的传导机制。

（4）在蝶形图左手侧的每个原因与结果之间画线，识别那些可能造成风险升级的因素并将这些因素纳入图中。

（5）如果有些因素会导致风险升级，那么也要把风险升级的障碍表示出来。

（6）在蝶形图的右手侧，识别风险不同的潜在结果，并以风险为中心，向各潜在结果处绘制出放射状线条。

（7）将结果的障碍绘制成横穿放射状线条的条形框。

（8）支持控制的管理职能应表示在蝶形图中，并与各自对应的控制措施相联系。

在路径独立、结果的可能性已知的情况下，可以对蝶形图进行一定程度的量化，同时可以估算出控制效力的具体数字。然而，在很多情况下，路径和障碍并不独立，控制措施可能是程序性的，因此结果并不清晰。更合适的做法是运用 FTA 及 ETA 进行定量分析。

输出结果是一个简单的图，说明了主要的故障路径以及预防或减缓不良结果或者刺激及促进期望结果的现有障碍。图 2-11 为不良结果的蝶形图。

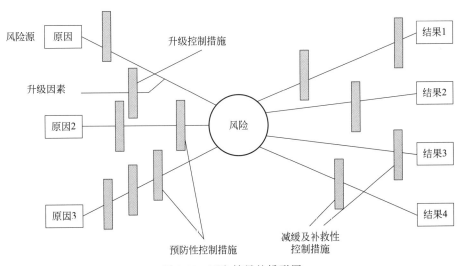

图 2-11　不良结果的蝶形图

2.8.4　F-N 曲线

F-N 曲线是对某一系统中伤亡事故频率以及伤亡数目分布情况的一种图形描述。它给出了伤亡数目为 N 或者更多的事故的发生概率 F，其中 N 的变化范围是 1 到系统中最大可能伤亡数目。对应较高 N 值的 F 具有特殊的意义，因为它表示了高伤亡事故的频率。由于

F 和 N 值的变化范围通常很大，因此 F-N 图通常采用双对数坐标。

F-N 曲线可以引出确定风险是否可以容忍的判定标准，这种判定标准有时称为社会风险判定标准。如果系统的 F-N 曲线全部位于风险标准的下方，就认为该风险是可以容忍的；若 F-N 曲线的任何一部分位于风险标准的上方，则该系统的风险是不可接受的，此时必须采取安全措施降低系统风险。

在大多数情况下，它们指的是出现一定数量的伤亡的频率。通过 F-N 曲线分析，力求达到以下三个目的：确定伤亡人数 N 的值；确定 N 值对应下的累积频率 F；根据 F 和 N 的值，与社会及政治上无法为人们接受的风险标准进行对比，做出风险评价结论。

F-N 曲线分析法是基于大量可靠数据下的定量安全评价方法，可以确定伤亡人数 N 对应条件下的累计频率 F。

2.8.4.1　*F*-*N* 曲线分析法的优点

（1）F-N 曲线是描述可为管理人员和系统设计师使用的风险信息的有效手段，有利于做出风险及安全水平方面的决策。

（2）作为一种有效途径，它们能以便于理解的形式来表示频率及后果信息。

（3）F-N 曲线适用于具有充分数据的类似情况下的风险比较。

2.8.4.2　*F*-*N* 曲线分析法的缺点

（1）F-N 曲线无法说明影响范围或事项结果，而只能说明受影响人数。

（2）它无法识别伤害水平发生的不同方式。

（3）F-N 曲线并不是风险评估方法，而是一种风险评估结果的方法。

（4）作为一种表示风险评估结果的明确方法，它们需要那些熟练的分析师进行准备，经常很难为专家以外人士所理解和评估。

（5）F-N 曲线法不适用于那些具有不同特征的数据在数量和质量都变化环境下的风险比较。

2.8.4.3　*F*-*N* 曲线分析法的原理步骤

（1）数据输入　一定时期内成套的可能性后果对；定量风险分析的数据结果，估算出一定数量伤亡的可能性；历史记录及定量风险分析中得出的数据。

（2）绘制 F-N 曲线图　把现有数据绘制在图形上，以伤亡人数作为横坐标，以 N 或更多伤亡人数的可能性作为纵坐标。由于数值范围大，两个轴通常都离不开对数比例尺。

（3）结果输出　根据横穿各类后果值的线，确定对应条件下的 F 和 N 的值，并与研究中承受特定伤害人群的风险标准进行比较，做出风险评价结论。

2.8.5　马尔科夫分析法

马尔科夫分析法（Markov analysis）又称为马尔科夫转移矩阵法，是指在马尔科夫过程的假设前提下，通过分析随机变量的现时变化情况来预测这些变量未来变化情况的一种预测方法。它将时间序列看成一个随机过程，通过对事物不同状态的初始概率和状态之间转移概率的研究，确定状态变化的趋势，以预测事物的未来。

通过运用更高层次的马尔科夫链，这种方法可拓展到更复杂的系统中。同时这种方法只会受模型、数学计算和假设的限制。马尔科夫分析是一项定量技术，可以是不连续的（利用状态间变化的概率）或者连续的（利用各状态的变化率）。虽然马尔科夫分析可以手动进行，但是该技术的性质使其更依存于市场上普遍存在的计算机程序。

2.8.5.1　马尔科夫分析法的优点

能够计算出具有维修能力和多重降级状态的系统的概率。

2.8.5.2 马尔科夫分析法的缺点

（1）无论是故障还是维修，都假设状态变化的概率是固定的。

（2）所有事项在统计上具有独立性，因此未来的状态独立于一切过去的状态，除非两个状态紧密相接。

（3）需要了解动态变化的各种概率。

（4）有关矩阵运算的知识。

（5）结果很难与非技术人员进行沟通。

2.8.5.3 马尔科夫分析法的步骤

（1）划分预测对象状态　若预测对象本身已有状态界限，则可以直接使用。若预测对象本身不存在明显的界限，则需要根据实际情况人为划分。划分时要注意对预测对象进行全面调查了解，并结合预测目的加以分析。

（2）计算初始概率 p_i　初始概率是指状态出现的概率。概率论中已经证明，当状态概率的理论分布未知时，若样本容量足够大，则可以利用样本分析近似地描述状态的理论分布。因此。可以利用状态出现的频率近似地评估状态出现的概率。假定预测对象有状态 $E_i(i=1,2,\cdots,n)$，在已知历史数据中，状态 E_i 出现的次数为 M_i，则 E_i 出现的频率为：

$$F_i = \frac{M_i}{N} \tag{2-4}$$

式中，$N = \sum_{i=1}^{n} M_i$，是已知历史数据中所有状态出现的总次数，则状态 E_i 出现的概率为：

$$p_i \approx F_i = \frac{M_i}{N} \tag{2-5}$$

式中，p_i 满足 $\sum_{i=1}^{n} p_i = 1$，即状态的初始概率和为 1。

（3）计算状态的一步转移概率 p_{ij}　同状态的初始概率一样，状态转移概率分布未知，当样本容量足够大时，也可以利用状态之间相互转移的频率近似地描述其概率。假定由状态 E_i 转向 E_j 的个数为 M_{ij}，那么：

$$p_{ij} = P(E_i \rightarrow E_j) = P(E_j \mid E_i) \approx F(E_j \mid E_i) = \frac{M_{ij}}{M_i}; i=1,2,\cdots,n; j=1,2,\cdots,n \tag{2-6}$$

假定目前预测对象处于状态 E_i，那么它的状态转移概率为：

$$p_{i1} \approx F(E_1 \mid E_j) = \frac{M_{i1}}{M_i} \tag{2-7}$$

$$p_{i2} \approx F(E_2 \mid E_j) = \frac{M_{i2}}{M_i} \tag{2-8}$$

$$\cdots$$

$$p_{in} \approx F(E_n \mid E_j) = \frac{M_{in}}{M_i} \tag{2-9}$$

由于 $\sum_{j=1}^{n} M_{ij} = M_i$，因此 $\sum_{j=1}^{n} p_{ij} = 1(j=1,2,\cdots)$。将 n 个状态相互转移的概率排列成表，就得到一步转移概率矩阵 P：

$$P = \begin{bmatrix} p_{11} & p_{12} & \cdots & p_{1n} \\ p_{21} & p_{22} & \cdots & p_{2n} \\ \cdots & \cdots & & \cdots \\ p_{n1} & p_{n2} & \cdots & p_{nn} \end{bmatrix} \tag{2-10}$$

矩阵主对角线的 $p_{11}, p_{22}, \cdots, p_{nn}$ 表示经过一步转移后，仍处于原状态的概率。

（4）预测　假定目前以预测对象处在状态 E_i，$p_{ij}(j=1,2,\cdots,n)$ 恰好描述了由目前的状态 E_i 转向各个状态的可能性，p_{i1} 表示转向状态 E_1 的可能性，p_{i2} 表示转向状态 E_2 的可能性，以此类推，p_{in} 表示转向状态 E_n 的可能性。将 n 个状态转移概率按大小顺序排列成不等式，可能性最大者就是预测的结果，即可以得知预测对象经过一步转移最可能达到的状态。

2.8.6　蒙特卡罗分析法

蒙特卡罗方法（Monte Carlo method）也称为统计模拟方法，是 20 世纪 40 年代中期由于科学技术的发展和电子计算机的发明，而被提出的以概率统计理论为指导的一类非常重要的数值计算方法。是指使用随机数（或更常见的伪随机数）来解决很多计算问题的方法，蒙特卡罗模拟是一种通过设定随机过程，反复生成时间序列，计算参数估计量和统计量，进而研究其分布特征的方法。

蒙特卡罗方法的基本思想是当所要求解的问题是某种事件出现的概率，或者是某个随机变量的期望值时，它们可以通过某种"试验"的方法，得到这种事件出现的频率，或者这个随机变数的平均值，并用它们作为问题的解。

2.8.6.1　蒙特卡罗分析法的优点

（1）从原则上讲，该方法适用于任何类型分布的输入变量，包括产生于对相关系统观察的实证分布。

（2）模型便于开发，并可根据需要进行拓展。

（3）实际产生的任何影响或关系可以进行表示，包括微妙的影响。

（4）敏感性分析可以用于识别较强及较弱的影响。

（5）模型便于理解，因为输入数据和输出结果之间的关系是透明的。

（6）提供了一个结果准确性的衡量。

（7）软件便于获取且价格便宜。

2.8.6.2　蒙特卡罗分析法的缺点

（1）解决方案的准确性取决于可执行的模拟次数。

（2）依赖于能够代表参数不确定性的有效分布。

（3）大型复杂的模型可能对建模者具有挑战性，很难实现建模分析。

2.8.6.3　蒙特卡罗分析法的步骤

蒙特卡罗模拟适用于任何系统，包括以下方面：一列输入数据相互影响来确定输出结果；输入数据与输出结果之间的关系可以表述为合乎逻辑的代数关系；输入数据存在不确定性，因此输出结果也存在不确定性。应用范围包括对财务预测、投资效益、项目成本及进度预测、业务过程中断、人员需求及其他方面不确定性的评估。输入数据有不确定性并导致输出数据也有不确定性时，分析技术无法提供相关的结果。蒙特卡罗方法解题过程的三个主要步骤如下所述。

（1）构造或描述概率过程　对于本身就具有随机性质的问题，如粒子输运问题，主要是正确描述和模拟这个概率过程，对于本来不是随机性质的确定性问题，比如计算定积分，就必须事先构造一个人为的概率过程，它的某些参量正好是所要求问题的解。即要将不具有随机性质的问题转化为随机性质的问题。

（2）实现从已知概率分布抽样　构造了概率模型以后，由于各种概率模型都可以看成是由各种各样的概率分布构成的，因此产生已知概率分布的随机变量（或随机向量），就成为实现蒙特卡罗方法模拟试验的基本手段，这也是蒙特卡罗方法被称为随机抽样的原因。最简单、最基本、最重要的一个概率分布是（0，1）上的均匀分布（或称矩形分布）。随机数就是具有这种均匀分布的随机变量。随机数序列就是具有这种分布的总体的一个简单子样，也就是一个具有这种分布的相互独立的随机变数序列。产生随机数的问题，就是从这个分布的抽样问题。在计算机上，可以用物理方法产生随机数，但价格昂贵，不能重复，使用不便。

另一种方法是用数学递推公式产生。这样产生的序列，与真正的随机数序列不同，所以称为伪随机数，或称伪随机数序列。不过，经过多种统计检验表明，它与真正的随机数或随机数序列具有相近的性质，因此可把它作为真正的随机数来使用。由已知分布随机抽样有各种方法，与从（0，1）上均匀分布抽样不同，这些方法都是借助于随机序列来实现的，也就是说，都是以产生随机数为前提的。由此可见，随机数是我们实现蒙特卡罗模拟的基本工具。

（3）建立各种估计量　一般来说，构造了概率模型并能从中抽样后，即实现模拟试验后，我们就要确定一个随机变量，作为所要求的问题的解，我们称它为无偏估计。建立各种估计量，相当于对模拟试验的结果进行考察和登记，从中得到问题的解。

2.8.7　贝叶斯分析法

贝叶斯网络（Bayesian networks，BN）也称为信度网络、因果网络或者推理网络，是一种基于概率论和图论的不确定性知识表示和推理模型。贝叶斯定理是关于随机事件 A 和 B 的条件概率（或边缘概率）的一则定理。其中 P（A｜B）是在 B 发生的情况下 A 发生的可能性。

2.8.7.1　贝叶斯分析法的优点

（1）所需的就是有关先验（已知信息）的知识。

（2）推导式证明易于理解。

（3）贝叶斯规则则是必要因素。

（4）它提供了一种利用客观信念解决问题的机制。

2.8.7.2　贝叶斯分析法的缺点

（1）对于复杂系统，确定贝叶斯网络中所有节点之间的相互作用是相当困难的。

（2）贝叶斯方法需要众多的条件概率知识，这通常需要专家判断提供。软件工具只能基于这些假定来提供答案。

2.8.7.3　贝叶斯分析法的原理步骤

贝叶斯统计学是由 1763 年逝世的托马斯·贝叶斯爵士创立的理论。其前提是任何已知信息（先验）可以与随后的测量数据（后验）相结合，在此基础上去推断事件的概率。贝叶斯理论的基本表达式为：

$$P(A \mid B) = \{P(A)P(B \mid A)\} / \sum_i P(B \mid E_i)P(E_i) \tag{2-11}$$

式中，事件 X 的概率表示为 $P(X)$；在事件 Y 发生的情况下，X 的概率表示为 $P(X/Y)$；E_i 代表第 i 个事项。

上述表达式的最简化形式为：

$$P(A \mid B) = \{P(A)P(B \mid A)\} / P(B) \tag{2-12}$$

与传统统计理论不同的是，贝叶斯统计并未假定所有的分布参数为固定的，而是设定这些参数是随机变量。如果将贝叶斯概率视为某个人对某个事项的信任程度，那么贝叶斯概率就更易于理解了。相比之下，古典概率取决于客观证据。由于贝叶斯方法是基于对概率的主观解释，因此它为决策思维和建立贝叶斯网络（信念网、信念网络及贝叶斯网络）提供了现成的依据。

贝叶斯网络使用图形模式来表示一系列变量及其概率关系。网络包括那些代表随机变量的结以及将母结与子结相连的箭头，这里母结点是一个直接影响另一个（子节点）的变量。

利用贝叶斯网络分析法进行演变分析主要分为以下三个步骤。

（1）情景知识的表示。

（2）确定划分节点的内容。

（3）确定事故节点概率。

2.8.8 模糊数学综合评价方法

现实生活中，同一事物或现象往往具有多种属性，因此在对事物进行评价时，就要兼顾各个方面。特别是在生产规划、管理调度、社会经济等复杂的系统中，在做出任何一个决策时，都必须对多个相关因素做综合考虑，这就是所谓的综合评价问题。综合评价问题是多因素、多层次决策过程中所遇到的一个带有普遍意义的问题，它是系统工程的基本环节。模糊综合评价作为模糊数学的一种具体应用方法，最早是由我国学者汪培庄提出的。由于在进行系统安全评价时，使用的评语常带有模糊性，所以宜采用模糊综合评价方法。这一应用方法由于数学模型简单，容易掌握，对多因素、多层次的复杂问题评价效果比较好，因而受到广大科技工作者的欢迎和重视，并且得到广泛的应用。

2.8.8.1 模糊数学综合评价方法的优点

从模糊综合评判的特点可以看出，它具有其他综合评价方法所不具备的优点，这主要表现为以下几点。

（1）模糊综合评价结果以向量的形式出现，提供的评价信息比其他方法更全面、更系统。模糊综合评价结果本身是一个向量，而不是一个单点值，并且这个向量是一个模糊子集，较为准确地刻画了对象本身的模糊状况。

（2）模糊综合评价从层次角度分析复杂对象。一方面，符合复杂系统的状况，有利于最大限度地客观描述被评价对象；另一方面，还有利于尽可能准确地确定权数指标。

（3）模糊综合评判方法的适用性强，既可用于主观因素的综合评价，又可用于客观因素的综合评价。在实际生活中"亦此亦比"的模糊现象大量存在，所以模糊综合评价的应用范围很广，特别是在主观因素的综合评价中，由于主观因素的模糊性很大，使用模糊综合评判可以发挥模糊方法的优势，评价效果优于其他方法。

（4）模糊综合评价中的权数属于估价权数。估价权数是从评价者的角度认定各评价因素重要程度如何而确定的权数，因此是可以调整的。根据评价者的着眼点不同，可以改变评价因素的权数，这种定权方法适用性较强。另外，还可以同时用几种不同的权数分配对同一被评价对象进行综合评价，以进行比较研究。

2.8.8.2 模糊数学综合评价方法的缺点

模糊综合评价方法也有自身的局限性。

（1）模糊综合评价过程中，不能解决评价因素间的相关性所造成的评价信息重复的问题。因此，在进行模糊综合评价前因素的预选和删除十分重要，需要尽量把相关程度较大的因素删除，以保证评价结果的准确性。另外，如果评价因素考虑得不够充分，有可能影响评价结果的区分度。

（2）在模糊综合评价中，因素的权重不是在评判过程中伴随产生的，这样人为定权具有较大灵活性，一定程度上反映了因素本身对被评价对象的重要程度，但人的主观性较大，与客观实际可能会有偏差。

2.8.8.3 模糊数学综合评价方法的原理步骤

(1) 模糊综合评判的基本要素 模糊综合评判是应用模糊关系合成的原理,从多个因素对被评判事物隶属度等级状况进行综合评判的一种方法。模糊综合评判包括以下六个基本要素。

① 评判因素论域 U。U 代表综合评判中各评判因素所组成的集合。

② 评语等级论域 V。V 代表综合评判中,评语所组成的集合。

③ 模糊关系矩阵 R。R 是单因素评价的结果,即单因素评价矩阵。模糊综合评判所综合的对象正是 R。

④ 评判因素权向量 A。A 代表评价因素在被评价对象中的相对重要程度,它在综合评判中用来对 R 做加权处理。

⑤ 合成算子。合成算子是指合成 A 与 R 所用的计算方法,也就是合成方法。

⑥ 评判结果向量 B。它是对每个评判对象综合状况分等级的程度描述。

模糊综合评判的数学模型可分为一级模型和多级模型。

(2) 建立一级模型 建立一级模型的五个步骤如下。

① 建立评判对象的因素论域 U。

$$U = \{u_1, u_2, \cdots, u_n\} \tag{2-13}$$

这一步就是要确定评价因素体系,解决从哪些因素来评价客观对象的问题。

② 确定评语等级论域 V。

$$V = \{v_1, v_2, \cdots, v_n\} \tag{2-14}$$

正是由于这一论域的确定,才能使模糊综合评判得到一个模糊评判向量,被评价对象对各评语等级隶属程度的信息,通过这个模糊向量表示出来,体现评判的模糊特性。

③ 进行单因素评价,建立模糊关系矩阵 R。

$$R = \begin{Bmatrix} r_{11} & r_{12} & \cdots & r_{1m} \\ r_{21} & r_{22} & \cdots & r_{2m} \\ \cdots & \cdots & \cdots & \cdots \\ r_{n1} & r_{n2} & \cdots & r_{nm} \end{Bmatrix} \tag{2-15}$$

其中 r_{ij} 为 U 中因素 u_i 对应 V 中等级 v_j 的隶属关系,即从因素 u_i 着眼评价对象被评为 v_j 等级的隶属关系,因而 r_{ij} 是第 i 个因素对该评价对象的单因素评价,它构成了模糊综合评判的基础。

④ 确定评判因素权向量 A。A 是 U 中各因素对被评价对象的隶属关系,它取决于人们进行模糊综合评价时的着眼点,即评判时依次着重于哪些因素。

⑤ 选择合成算子,进行综合评判。模糊综合评判的基本模型用公式表示为:

$$B = A \circ R \tag{2-16}$$

式中,$\circ$ 为合成算子。

(3) 建立多级模型 建立多级模糊综合评判模型,可以先对底层因素进行综合评判,再对评判结果进行高层次的综合评判。具体步骤如下。

① 把因素集 U 分为几个子集,记为 $U = \{U_1, U_2, \cdots, U_p\}$。设第 i 个子集 $U_i = \{U_{i1}, U_{i2}, \cdots, U_{ik}\}$ $(i=1,2,\cdots,p)$,则 $\sum_{i=1}^{p} k = n$。

② 对于每个 U_i 按一级模型分别进行综合评判。

③ 把 $U = \{U_1, U_2, \cdots, U_p\}$ 中 U_i 的综合评判 B_i 看成是 U 中的 p 个单因素评价,又

设新的权重分配为 A，那么总的模糊评价矩阵为：

$$R = \left\{ \begin{matrix} B_1 \\ B_2 \\ \cdots \\ B_p \end{matrix} \right\} = (b_{ij})_{p \times m} \tag{2-17}$$

则经过模糊合成运算得二级综合评判结果为：

$$B' = A \cdot R \tag{2-18}$$

它既是 $U_1, U_2, \cdots, U_p$ 的综合评价结果，也是 U 中所有因素的综合评价结果。第一步到第三步可根据具体情况多次循环，直到得出满意的综合评判结果为止。

2.8.9　灰色层次分析评价方法

信息不完全的系统称为灰色系统。灰色系统可分为本征灰色系统和非本征灰色系统。本征灰色系统的基本特点是没有物理原型，缺乏建立确定关系的信息，系统的基本特征是多个相互依存、相互制约的部分，按照一定的关系组合，且具有一种或多种功能。灰色系统理论研究的对象是"部分信息已知、部分信息未知"的"贫信息"不确定系统，通过对"部分"已知信息的生成、开发，实现对现实世界的确切描述和认识。

灰色层次分析法是灰色系统理论与层次分析法结合的效用。具体来讲，就是在层次分析中，不同层次决策"权"的数值是按灰色系统理论计算得到。灰色层次分析法的步骤如下所述。

（1）建立评估对象的递归层次结构　在深入调查分析的基础上，应用层次分析法原理，经过反复论证，对目标进行逐层分解，使不同层次之间的元素含义互不交叉，底层元素为所求的评估指标。

（2）计算评估指标体系底层元素的组合权重　根据简易表格法，由专家或评估者对上下层之间的关系进行定性填表，用精确法或和法计算相邻层次下层元素对上层目标的组合权重 $W = \{w_1, w_2, \cdots, w_n\}^T$。

（3）求评估指标值矩阵 $D_{JI}^{(A)}$　其计算公式为：

$$D_{JI}^{(A)} = \begin{bmatrix} d_{11}^{(A)} & d_{12}^{(A)} & \cdots & d_{1i}^{(A)} \\ d_{21}^{(A)} & d_{22}^{(A)} & \cdots & d_{2i}^{(A)} \\ \cdots & \cdots & \cdots & \cdots \\ d_{j1}^{(A)} & d_{j2}^{(A)} & \cdots & d_{ji}^{(A)} \end{bmatrix} \tag{2-19}$$

（4）确定评估灰类　确定评估灰类就是要确定评估灰类的等级数、灰类的灰数以及灰类的白化权函数。针对具体对象，通过定性分析确定。常用的白化权函数有下述三种。

第一级（上），灰数为 $\otimes \in [d_1, \infty)$，其白化权函数如下所示：

$$f_1(d_{ji}) = \begin{cases} d_{ji}/d_1, & d_{ji} \in [0, d_1] \\ 1, & d_{ji} \in [d_1, \infty) \\ 0, & d_{ji} \in (-\infty, 0) \end{cases} \tag{2-20}$$

第二级（中），灰数为 $\otimes \in [0, d_1, 2d_1]$，其白化权函数如下所示：

$$f_2(d_{ji}) = \begin{cases} d_{ji}/d_1, & d_{ji} \in [0, d_1] \\ 2 - d_{ji}/d_1, & d_{ji} \in [d_1, 2d_1] \\ 0, & d_{ji} \notin (0, 2d_1] \end{cases} \tag{2-21}$$

第三级（下），灰数为 $\otimes \in [0, d_1, d_2]$，其白化权函数如下所示：

$$f_3(d_{ji}) = \begin{cases} 1, d_{ji} \in [0, d_1] \\ \dfrac{d_2 - d_{ji}}{d_2 - d_1}, d_{ji} \in [d_1, d_2] \\ 0, d_{ji} \notin (0, d_2) \end{cases} \tag{2-22}$$

白化权函数转折点的值称为阈值，可以按照准则或经验，用类比方法获得（此法所得的阈值称为客观阈值）。也可以从样本矩阵中，寻找最大、最小和中等值，作为上限、下限和中等的阈值。

（5）计算灰色评估系数　由 $D_{JI}^{(A)}$ 和 $f_K(d_{ji}^{(A)})$ 计算出受评者 J 对于评估指标 A 属于第 K 类的灰色评估系数，记为 $n_{JK}^{(A)}$，其计算公式为：

$$n_{JK}^{(A)} = \sum_{I=1}^{i} f_K(d_{ji}^{(A)}) \tag{2-23}$$

以及对于评估指标 A，受评者 J 属于各个评估灰类的总灰色评估系数 $n_J^{(A)}$，有：

$$n_J^{(A)} = \sum_{i=1}^{k} n_{Ji}^{(A)} \tag{2-24}$$

（6）计算灰色评估权向量和权矩阵　由 $n_{JK}^{(A)}$ 和 $n_J^{(A)}$ 计算出对于评估指标 A 第 J 个受评者属于第 K 个灰类的评估权 $r_{JK}^{(A)}$ 和权向量 $r_J^{(A)}$：

$$r_{JK}^{(A)} = \frac{n_{JK}^{(A)}}{n_J^{(A)}} \tag{2-25}$$

考虑到 $K = 1, 2, 3, \cdots, k$，则由灰色评估权向量 $r_{JK}^{(A)}$：

$$r_{JK}^{(A)} = [r_{j1}^{(A)}, r_{j2}^{(A)}, \cdots, r_{jn}^{(A)}] \tag{2-26}$$

考虑到 $J = 1, 2, 3, \cdots, j$，则由灰色评估权向量 $r_{JK}^{(A)}$：

$$r_{JK}^{(A)} = [r_{1k}^{(A)}, r_{2k}^{(A)}, \cdots, r_{jk}^{(A)}]^T \tag{2-27}$$

进而可求得所有受评者对于评估指标 A 的灰色评估矩阵 $R^{(A)} = \{r_{JK}^{(A)}\}$。

（7）评价　对指标层进行综合评价。

（8）计算　计算综合评价结果。

2.8.10　神经网络分析评价方法

人类具有高度发达的大脑，大脑是思维活动的物质基础，而思维是人类智能的集中体现。长期以来，人们设法了解人脑的工作机理及其本质，向往能构造出具有人类智能的人工智能系统，以模仿人脑功能，完成类似于人脑的工作。人工神经网络正是在人类对其大脑神经网络认识理解的基础上人工构造的能够实现某种功能的神经网络。它是理论化的人脑神经网络的数学模型，是基于模仿大脑神经网络结构和功能而建立的一种信息处理系统。它实际上是由大量简单元件相互连接而成的复杂网络，具有高度的非线性，能够进行复杂的逻辑操作和非线性关系实现的系统。

（1）人工神经网络建模的特点　实际系统大都是多输入多输出的非线性系统，很难用机理分析或系统辨识的方法获得足够精确的数学模型。人工神经网络的输入和输出变量的数目是任意的，并且具有逼近任意非线性函数的能力，为多输入多输出的非线性系统提供了一种通用的建模方法。另外，人工神经网络系统的模型是非算式的，人工神经网络本身就是辨识模型，其可调参数反映在网络内部的连接权上，它不需要建立以实际系统教学模型为基础的辨识格式，可以省去系统结构辨识这一步骤。神经网络建模法的任务是利用已有的输入输出数据来训练一个由神经网络构成的模型，使它能够精确地近似给定的非线性系统。目前，神经网络建模方法发展很快，出现了很多模型和算法，应用越来越广泛，是系统建模技术的一个重要发展方向。

（2）网络结构类型的选择　神经网络结构分为前馈网络、后馈网络、胞状网络三种网络结构，而网络结构的选择对网络的推理和应用是一个关键性问题。在风险评估分析中，一般选用前馈 BP 网络即误差逆传播神经网络，原因主要有以下两个方面。

首先，前馈网络和后馈网络在作用效果上有所不同。前馈网络主要是函数映射，可用于函数逼近、模式识别和评判决策。而后馈网络则主要用于求解能量函数的局部最小点或全局极小点，常用于做各种联想存储器和求解优化问题等。安全评估实质上是探求、逼近各种影响因素和事故发生程度之间的映射关系，再进行推广、评判。

其次，BP 网络具有令人满意的对连续映射的逼近能力，可以满足评估的要求。由于 BP 神经网络包含了神经网络理论中最精华、最完美的部分，其特点是结构简单、可塑性强，并且 BP 网络也是人们研究最多、认知最清楚的一类网络。据统计，80%～90% 的神经网络模型采用了 BP 神经网络或者它的变化形式，这为研究和进一步改进建立的评估模型奠定了基础。

（3）网络结构的确定　神经网络的输入层和输出层一般都是和具体问题相联系，代表一定的实际意义。隐含层主要是根据模型要求和问题的复杂程度设置。必须首先确定输入层和输出层，然后再确定隐含层。

2.8.11　计算机模拟分析在安全评价方法中的应用

伴随着计算机技术、数值计算技术的发展，计算机模拟分析逐步在安全评价中得以运用。CFD 软件是目前应用较多的一种技术手段。

CFD 是英文 computational fluid dynamics（计算流体动力学）的简称。它是伴随着计算机技术、数值计算技术的发展而发展起来的。简单地说，CFD 相当于在计算机上"虚拟"地做试验，用以模拟仿真实际流体的流动。CFD 实质就是利用计算机对控制流体流动的偏微分方程进行数值求解的一项技术，这其中涉及流体力学、计算方法乃至计算机图形处理等技术，最后得出流体流动的流场在连续区域上的离散分布，实现对流体流动的近似模拟。目前常用的 CFD 软件有 PHOENICS、CFX、FLUENT 等。

1933 年，英国人 Thom 首次采用数值方法求解了二维黏性流体偏微分方程，计算流体力学 CFD 由此而生。Shortley 和 Weller 在 1938 年、Southwell 在 1946 年利用松弛方法（relaxation method）求解了椭圆型微分方程，也即非黏性流体的偏微分方程组，使 CFD 逐渐成为一门学科，并且得到广大学者、科学家和工程师的关注。在随后短短的几十年内，由于计算机技术和数值计算技术的高速发展，CFD 技术也有了长足的进步，尤其是在工程领域内的应用更是越来越广泛。

CFD 技术的主要特点如下所述。

（1）成本低，与常用的模型试验相比，计算机运算的成本要低好几个数量级，而且与大多数物品价格不断上涨的趋势相反，计算机计算的成本不断下降。

（2）速度快，应用计算机，利用已有软件，一个工程师可以在几小时内研究数种不同的方案。而用模型试验却需要相当长的周期。

（3）资料完备，CFD 计算能够提供整个研究区域内所有物理变量的值，而且没有测量仪器的影响问题。

（4）模拟真实条件的能力强，不论研究对象尺寸大小，温度高低，也不论对象是否有毒，过程进行得快慢，用数值计算不会有任何困难。

（5）模拟理想条件的能力强，数值计算可以人为地去掉次要因素，集中精力研究几个基本参数，这一点是试验难以达到的。

第3章
系统安全预测与决策

3.1 系统安全预测方法

预测是运用各种知识和科学手段，分析研究历史资料，对安全生产发展的趋势或可能的结果进行事先的推测和估计。也就是说，预测就是由过去和现在去推测未来，由已知去推测未知。

凡事预则立，不预则废。传统的安全管理实质上是被动的事故管理，忽视了事故发生之前每一工作环节潜在的危险，工作重点没有从事故的追查处理转变到事前的危险预测。这就使"安全第一、预防为主、综合治理"的方针成为空话。

安全预测就要预测造成事故后果的许多前级事件，包括起因事件、过程事件和情况变化；随着生产的发展，新工艺、新技术的开展，预测会产生什么样的新危险、新的不安全因素；随着科学技术的发展，预测未来的安全生产面貌及应采取的安全对策。

3.1.1 安全预测概念与分类

3.1.1.1 安全预测的概念

所谓预测，就是对尚未发生或目前还不确切的事物（或危险）进行预先的估计和推断，是现时对事物（或危险）将要发生的结果进行探讨和研究。与求神问卦不同，科学预测是建立在客观事物发展规律基础之上的科学推断。

在设计一个新系统或改造一个旧系统时，人们都需要对系统的未来进行分析估计，以便做出相应的决策。即使是对正在正常运转的系统，也要经常分析将来的前途和发展设想，对系统的未来进行分析估计，也称为系统预测。系统预测是以系统为研究对象，根据以往旧系统或类似系统的历史统计资料，运用科学的方法和逻辑推理，对系统中某些确定因素或系统今后的发展趋势进行推测和预计，并对此做出评价，以便采取相应的措施，扬长避短，使系统沿着安全的方向发展。

综上所述，系统预测就是根据系统发展变化的实际数据和历史资料，运用现代的科学理论和方法以及各种经验、判断和知识，对事物（或危险）在未来一定时期内的可能变化情况进行推测、估计和分析。

系统安全预测的实质就是充分分析、理解安全系统发展变化的规律，根据安全系统的过去和现在估计未来，根据已知预测未知，从而减少对未来危险认识的不确定性，以指导我们的安全决策行动，减少安全决策的盲目性。

系统预测的方法和手段称为预测技术。对一个系统来说，各种因素错综复杂，一旦预测错误，往往会使系统遭到毁灭性的打击。因此，预测技术在近几十年日益受到重视，并逐渐发展成为一门独立、比较成熟且应用性很强的科学。它对于长远规划的制定、重大战略问题的决策以及提高系统的安全性等都具有极其重要的意义。

预测由四部分组成，即预测信息、预测分析、预测技术和预测结果。

（1）预测信息 在调查研究的基础上所掌握的反映过去、揭示未来的有关情报、数据和资料为预测信息。

（2）预测分析 就是将各方面的信息资料，经过比较核对、筛选和综合，进行科学的分析和测算。

（3）预测技术 就是预测分析所用的科学方法和手段。

（4）预测结果 就是在预测分析的基础上最后提出的事物发展的趋势、程度、特点以及各种可能性结论。

3.1.1.2 安全预测的分类

事故预测按照预测对象范围和预测时间长短可以有不同的种类划分方法。

（1）按预测对象范围分类 按预测对象范围可划分为以下几种。

① 宏观预测。是指对整个行业、一个省区、一个局（企业）的安全状况的预测。

② 微观预测。是指对一个厂（矿）的生产系统或对其子系统的安全状况的预测。

（2）按预测时间长短分类 按预测时间长短可划分为以下几种。

① 长（远）期预测。是指对五年以上的安全状况的预测。它为安全管理方面的重大决策提供科学依据。

② 中期预测。是指对一年以上五年以下的安全生产发展前景进行的预测。它是制定五年计划和任务的依据。

③ 短期预测。是指对一年以内的安全状态的预测。它是年度计划、季度计划以及规定短期发展任务的依据。

从预测趋势看，定量、定性、计算机技术的结合是预测研究的主导方向。

3.1.2 安全预测原理与程序

3.1.2.1 安全预测原理

预测是在调查研究的基础上对事物未来发展变化的规律进行研究的理论和方法的总称。预测的基本原理有以下几种。

（1）整体性原理 事物是由若干部分相互关联而成的有机整体，事物发展变化的过程也是一个有机整体。因此，以整体性为特征的系统理论是预测的基本理论。

（2）可知性原理 由于事物发展过程的统一性，即事物发展的过去、现在和将来是一个统一的整体，所以人类不但可以认识预测对象的过去和现在，而且也可以通过过去到现在的发展规律推测将来的发展变化。

（3）可能性原理 预测对象的发展有各种各样的可能性，预测是对预测对象发展的各种可能性的一种估计。如果认为预测是必然结果，则失去了预测的意义。

（4）相似性原理 把预测对象与类似的已知事物的发展变化规律进行类比，可以对预测对象进行描述。

（5）反馈原理 预测未来的目的是为了更好地指导当前，因此应用反馈原理不断地修正预测才会更好地指导当前工作，为决策提供依据。

3.1.2.2　安全预测的程序

预测的程序随预测目的和预测方法的不同而不同，一般来说，预测的程序有以下几个步骤。

（1）确定预测目的。

（2）收集和分析有关资料。

（3）选择预测的方法。

（4）建立预测模型。

（5）模型的检验与分析。

（6）进行预测。

（7）分析预测误差。

（8）改进预测模型。

（9）规划政策和行动。但在实际工作中，要根据具体情况灵活运用。实际上，应预测对客观事物不断认识和深化的动态过程，这一动态过程可用图 3-1 表示。

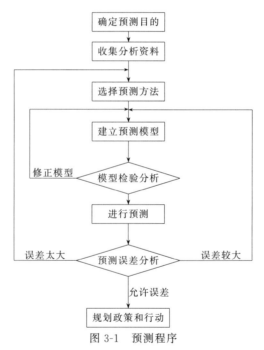

图 3-1　预测程序

3.1.3　德尔菲预测法

德尔菲（Delphi）预测法是第二次世界大战后发展起来的一种直观预测法，是根据有专门知识的人的直接经验，对研究的问题进行判断、预测的一种方法，也称为专家调查法。它是美国兰德（RAND）公司于 20 世纪 40 年代发明并首先用于预测领域的。德尔菲是古希腊传说中的神谕之地，城中有座阿波罗神殿可以预卜未来，因而借用其名。德尔菲法既可用于科技预测，又可用于社会、经济预测；既可用于短期预测，又可用于长期预测。

3.1.3.1　德尔菲法的一般预测程序

德尔菲预测法的实质是利用专家的知识、经验、智慧等无法数量化而带来很大模糊性的信息，通过通信的方式进行信息交换，逐步地取得较一致的意见，达到预测的目的。

德尔菲预测法的基本步骤如下。

（1）提出要求，明确预测目标，用书面通知被选定的专家、专门人员。专家一般指掌握某一特定领域知识和技能的人。要求每一位专家讲明有什么特别资料可用来分析这些问题以及这些资料的使用方法。同时，也向专家提供有关资料，并请专家提出进一步需要哪些资料。

（2）专家接到通知后，根据自己的知识和经验，对所预测事物的未来发展趋势提出自己的预测，并说明其依据和理由，书面答复主持预测的单位。

（3）主持预测单位或领导小组根据专家的预测意见，加以归纳整理，对不同的预测值，分别说明预测值的依据和理由（根据专家意见，但不注明哪个专家的意见），然后再寄给各位专家，要求专家修改自己原有的预测，以及提出还有什么要求。

（4）专家等人接到第二次通知后，就各种预测意见及其依据和理由进行分析，再次进行预测，提出自己修改的预测意见及其依据和理由。如此反复往返征询、归纳、修改，直到意见基本一致为止。修改的次数根据需要决定。

3.1.3.2 德尔菲法的特点

德尔菲法是一个可控制的组织集体思想交流的过程，使得由各个方面的专家组成的集体能作为一个整体来解答某个复杂问题。它有如下特点。

（1）匿名性 德尔菲法采用匿名函询的方式征求意见。由于专家是背靠背提出各自的意见的，因而可免除心理干扰影响。把专家看成相当于一台电子计算机，脑子里存储着许多数据资料，通过分析、判断和计算，可以确定比较理想的预测值。而专家可以参考前一轮的预测结果以修改自己的意见，由于匿名而无须担心有损于自己的威望。

（2）反馈性 德尔菲法在预测过程中，要进行3~4轮征询专家意见。预测主持单位对每一轮的预测结果做出统计、汇总，提供有关专家的论证依据和资料作为反馈材料发给每一位专家，供下一轮预测时参考。由于每一轮之间的反馈和信息沟通可进行比较分析，因而能达到相互启发，以提高预测准确度的目的。

（3）统计性 为了科学地综合专家们的预测意见和定量表示预测结果，德尔菲法对各位专家的估计数或预测数进行统计，然后采用平均数或中位数统计出量化结果。

3.1.3.3 运用德尔菲法预测时应遵循的原则

运用德尔菲法预测时需要遵循以下原则。

（1）专家代表面应广泛，人数要适当。通常应包括技术专家、管理专家、情报专家和高层决策人员。人数不宜过多，一般以20~50人为宜，小型预测8~20人，大型预测可达100人左右。

（2）要求专家总体的权威程度较高，而且要有严格的专家的推荐与审定程序。

（3）问题要集中，要有针对性，不要过分分散，以便使各个事件构成一个有机整体。问题要按等级排队，先简单，后复杂，先综合，后局部，这样易于引起专家回答问题的兴趣。

（4）调查单位或领导小组意见不应强加于调查的意见之中，要防止出现诱导现象，避免专家的评价向领导小组靠拢。

（5）避免组合事件。如果一个事件包括两个方面，一方面是专家同意的，另一方面则是不同意的，这样，专家就难以做出回答。

3.1.3.4 德尔菲法的优缺点

（1）德尔菲法的优点 德尔菲法的优点在于：可以加快预测速度和节约预测费用；可以获得各种不同但有价值的观点和意见。

（2）德尔菲法的缺点 德尔菲法的缺点在于：责任比较分散；专家的意见有时可能不完

整或不切合实际。

3.1.4　时间序列预测法

时间序列是指一组按时间顺序排列的有序数据序列。时间序列预测法，是从分析时间序列的变化特征等信息中，选择适当的模型和参数，建立预测模型，并根据惯性原则，假定预测对象以往的变化趋势会延续到未来，从而做出预测。

时间序列预测法的基本思想是把时间序列作为一个随机应变量序列的一个样本，用概率统计方法尽可能减少偶然因素的影响，或消除季节性、周期性变动的影响，通过分析时间序列的趋势进行预测。该预测方法的一个明显特征是所用的数据都是有序的。这类方法预测精度偏低，通常要求研究系统相当稳定，历史数据量要大，数据的分布趋势较为明显。

3.1.4.1　滑动平均法

一般情况下，可以认为未来的状况与较近时期的状况有关。根据这一假设，可采用与预测期相邻的几个数据的平均值，随着预测期向前滑动，相邻的几个数据的平均值也向前滑动作为滑动预测值。

假设未来的状况与过去 t 个月的状况关系较大，而与更早的情况联系较少，因此可用过去 t 个月的平均值作为下个月的预测值，经过平均后，可以减少偶然因素的影响。平均值可用下列公式计算：

$$\bar{x}_{t+1} = \frac{x_t + x_{t-1} + \cdots + x_{t-(t-1)}}{t} \tag{3-1}$$

式中　$\bar{x}_{t+1}$——预测值；

$\quad\quad t$——时间单位数；

$\quad\quad x$——实际数据。

也可以用连加符号把上面的公式归纳为：

$$\bar{x}_{t+1} = \frac{1}{t} \sum_{i=0}^{t-1} x_{t-i} \tag{3-2}$$

在这一方法中，对各项不同时期的实际数据是同等看待的。但实际上距离预测期较近的数据与较远的数据，它们的作用是不等的，尤其在数据变化较快的情况下更应该考虑到这一点。

为了克服上述缺点，可采用加权滑动平均法来缩小预测偏差。加权滑动平均法根据距离预测期的远近，预测对象的不同，给各期的数据以不同的权数，把求得的加权平均数作为预测值。

对不同月份数据进行加权后，其公式为：

$$\bar{x}_{t+1} = \frac{c_t x_t + c_{t-1} x_{t-1} + \cdots + c_{t-(t-1)} x_{t-(t-1)}}{c_t + c_{t-1} + \cdots + c_{t-(t-1)}} \tag{3-3}$$

式中　c_t——各期的权数；

$\quad\quad x_t$——各期的实际数据。

由式(3-1) 和式(3-2)可得：

$$\bar{x}_{t+1} = \frac{\sum\limits_{i=0}^{t-1} c_{t-i} x_{t-i}}{\sum\limits_{i=0}^{t-1} c_{t-i}} \tag{3-4}$$

3.1.4.2 指数滑动平均法

指数滑动平均法是滑动平均法的改进，它既有滑动平均法的优点，又减少了数据的存储量，应用方便。

指数滑动平均法的基本思想是把时间序列看成一个无穷的序列，即 x_t，x_{t-1}，…，x_{t-i}。

把 $\bar{x}_{t+1}$ 看成是这个无穷序列的一个函数，即：

$$\bar{x}_{t+1}=a_0 x_t+a_1 x_{t-1}+\cdots+a_i x_{t-i}$$

为了在计算中使用单一的权数，并且使权数之和等于 1，即 $\sum_{i=0}^{+\infty} a_i=1$，

令：$a_0=a, a_k=a(1-a)^k, k=1,2,\cdots,n$。当 $0<a<1$ 时，则：

$$\sum_{i=0}^{+\infty} a_i=1$$

这样，应用指数滑动平均法得到的预测值 $\bar{x}_{t+1}$ 为：

$$\begin{aligned}
\bar{x}_{t+1}&=a x_t+a(1-a)x_{t-1}+a(1-a)^2 x_{t-2}+\cdots+a(1-a)^i x_{t-i}\\
&=a x_t+(1-a)[a x_{t-1}+a(1-a)x_{t-2}+\cdots+a(1-a)^{i-1} x_{t-i}]\\
&=a x_t+(1-a)\bar{x}_t
\end{aligned} \tag{3-5}$$

即：

预测值＝平滑系数×前期实际值＋（1－平滑系数）×前期预测值

上面的公式并项后可得：

$$\bar{x}_{t+1}=\bar{x}_t+a(x_t-\bar{x}_t) \tag{3-6}$$

即：

预测值＝前期预测值＋平滑系数×（前期实际值－前期预测值）

由此可见，指数滑动平均法得到的预测值 $\bar{x}_{t+1}$ 是上一时期的实际值 x_t 和预测值 $\bar{x}_t$ 的加权平均而得的，或者是上一时期的预测值 $\bar{x}_t$ 加上实际值与预测值的偏差的修正值而得。

平滑系数 a 取值大小对时间序列均匀程度影响很大，a 的选定取决于实际情况。一般来说，近期数据作用越大，则值就取得越大。根据经验，在实际应用中取 a 为 0.8 或 0.7 为宜。

3.1.5 回归分析法

要准确地预测，就必须研究事物的因果关系。回归分析法就是一种从事物变化的因果关系出发的预测方法。它利用数理统计原理，在大量统计数据的基础上，通过寻求数据变化规律来推测、判断和描述事物未来的发展趋势。

事物变化的因果关系可用一组变量来描述，即自变量与因变量之间的关系。一般可以分为两大类：一类是确定的关系，它的特点是，自变量为已知时就可以准确地求出因变量，变量之间的关系可用函数关系确切地表示出来；另一类是相关关系，或称为非确定关系，它的特点是，虽然自变量与因变量之间存在密切的关系，却不能由一个或几个自变量的数值准确地求出因变量，变量之间往往没有明确的数学表达式，但可以通过观察，应用统计方法，大致或平均地说明自变量与因变量之间的统计关系。回归分析法正是根据这种相互关系建立回归方程的。

3.1.5.1 一元线性回归法

比较典型的回归法是一元线性回归法，它是根据自变量（x）与因变量（y）的相互关

系，用自变量的变动来推测因变量变动的方向和程度，其基本方程式是：

$$y = a + bx \tag{3-7}$$

式中　y——因变量；

　　　x——自变量；

　a，b——回归系数。

进行一元线性回归，应首先收集事故数据，并在以时间为横坐标的坐标系中，画出各个相对应的点，根据图中各点的变化情况，就可以大致看出事故变化的某种趋势，然后进行计算，求出回归直线。

回归系数 a、b 是根据统计的事故数据，通过以下方程组来决定的：

$$\begin{cases} \sum y = na + b \sum x \\ \sum xy = a \sum x + b \sum x^2 \end{cases} \tag{3-8}$$

式中　x——自变量，为时间序号；

　　　y——因变量，为事故数据；

　　　n——事故数据总数。

解上述方程组得：

$$\begin{cases} a = \dfrac{\sum x \sum xy - \sum x^2 \sum y}{\left(\sum x\right)^2 - n \sum x^2} \\[4mm] b = \dfrac{\sum x \sum y - n \sum xy}{\left(\sum x\right)^2 - n \sum x^2} \end{cases} \tag{3-9}$$

a 和 b 确定之后就可以在坐标系中画出回归直线。

3.1.5.2　一元非线性回归方法

在回归分析法中，除了一元线性回归法外，还有一元非线性回归分析法、多元线性回归分析法、多元非线性回归分析法等。

非线性回归的回归曲线有多种，选用哪一种曲线作为回归曲线，则要看实际数据在坐标系中的变化分布形状。也可根据专业知识确定分析曲线。非线性回归的分析方法是通过一定的变换，将非线性问题转化为线性问题，然后利用线性回归的方法进行回归分析。

根据专业知识和实用观点，这里仅列举一种非线性回归曲线——指数函数。

$$y = a\,\mathrm{e}^{bx}$$

令：

$$y' - \ln y, a' - \ln a$$

则有：

$$y' = a' + bx$$

$$y = a\,\mathrm{e}^{\frac{b}{x}}$$

令：

$$y' - \ln y, x' - \frac{1}{x}, a' - \ln a$$

则有：

$$y' = a' + bx'$$

3.1.6　马尔科夫链预测法

若事物未来的发展及演变仅受当时状况的影响，即具有马尔科夫性质，且一种状态转变为另一种状态的规律又是可知的情况下，就可以利用马尔科夫链的概念进行计算和分析，预测未来特定时刻的状态。

马尔科夫链是表征一个系统在变化过程中的特性状态，可用一组随时间进程而变化的变量来描述。如果系统在任何时刻上的状态是随机性的，则变化过程是一个随机过程，当时刻 t 变到 $t+1$，状态变量从某个取值变到另一个取值，系统就实现了状态转移。而系统从某种状态转移到各种状态的可能性大小，可用转移概率来描述。

马尔科夫计算所使用的基本公式如下。

已知，初始状态向量为：

$$s^{(0)} = \left[s_1^{(0)}, s_2^{(0)}, s_3^{(0)}, \cdots, s_n^{(0)} \right] \tag{3-10}$$

状态转移概率矩阵为：

$$p = \begin{pmatrix} p_{11} & \cdots & p_{1n} \\ \vdots & \ddots & \vdots \\ p_{n1} & \cdots & p_{nm} \end{pmatrix} \tag{3-11}$$

状态转移概率矩阵是一个 n 阶方阵，它满足概率矩阵的一般性质，即有：$0 \leqslant p_{ij} \leqslant 1$；$\sum\limits_{j=1}^{n} p_{ij} = 1$。

满足这两个性质的行向量称为概率向量。

状态转移概率矩阵的所有行向量都是概率向量；反之，所有行向量都是概率向量组成的矩阵，即概率矩阵。

一次转移向量 $s^{(1)}$ 为：

$$s^{(1)} = s^{(0)} p \tag{3-12}$$

二次转移向量 $s^{(2)}$ 为：

$$s^{(2)} = s^{(1)} p = s^{(0)} p^2 \tag{3-13}$$

类似地：

$$s^{(k+1)} = s^{(0)} p^{k+1} \tag{3-14}$$

3.1.7　灰色预测法

灰色系统（grey system）理论是我国著名学者邓聚龙教授20世纪80年代初创立的一种兼备软硬科学特性的新理论。该理论将信息完全明确的系统定义为白色系统，将信息完全不明确的系统定义为黑色系统，将信息部分明确、部分不明确的系统定义为灰色系统。灰色系统内的一部分信息是已知的，另一部分信息是未知的，系统内各因素间具有不确定的关系。例如构成系统安全的各种关系是一个灰色系统，各种因素和系统安全主行为的关系是灰色的，人、机、环境系统中三个子系统之间的关系也是灰色关系，安全系统所处的环境也是灰色的。因此就可以利用灰色预测模型对安全系统进行预测。

尽管灰色过程中所显示的现象是随机的，但毕竟是有序的，因此这一数据集合具备潜在的规律。灰色预测首先鉴别系统因素之间发展趋势的相异度，即进行关联分析，其次对原始数据进行生成处理来寻找系统变动的规律，生成有较强规律性的数据序列，然后建立相应的微分方程模型，从而预测事物未来的发展趋势的状况。

灰色系统预测是从灰色系统的建模、关联度及残差辨识的思想出发，获得关于预测的新概念、观点和方法。

将灰色系统理论用于厂矿企业预测事故，一般选用模型，是一阶的一个变量的微分方程模型。

3.1.7.1　灰色预测建模方法

设原始离散数据序列 $x^{(0)} = \{x_1^{(0)},\ x_2^{(0)},\ \cdots,\ x_n^{(0)}\}$，其中 n 为序列长度，对其进行一次累加生成处理：

$$x_k^{(1)} = \sum_{j=1}^{k} x_j^{(0)}, k=1,2,\cdots,n \tag{3-15}$$

则以生成序列 $x^{(1)} = \{x_1^{(1)},\ x_2^{(1)},\ \cdots,\ x_n^{(1)}\}$ 为基础建立灰色的生成模型：

$$\frac{\mathrm{d}x^{(1)}}{\mathrm{d}t} + ax^{(1)} = u \tag{3-16}$$

称为一阶灰色微分方程，记为 $GM(1,1)$，式中 a、u 为待辨识参数。

设参数向量 $\vec{a} = [au]^T$，$y_n = [x_2^{(0)},\ x_3^{(0)},\ \cdots,\ x_n^{(0)}]^T$ 和以下：

$$B = \begin{bmatrix} -(x_2^{(1)} + x_1^{(1)})/2 & 1 \\ \vdots & \vdots \\ -(x_n^{(1)} + x_{n-1}^{(1)})/2 & 1 \end{bmatrix}$$

则由下式求得的最小二乘解：

$$\vec{a} = (B^T B)^{-1} B^T y_n \tag{3-17}$$

时间响应方程：

$$\vec{x}_1^{(1)} = \left(x_1^{(1)} - \frac{u}{a}\right) e^{-ak} + \frac{u}{a} \tag{3-18}$$

离散响应方程：

$$\vec{x}_{k+1}^{(1)} = (x_1^{(1)} - u/a) e^{-ak} + u/a \tag{3-19}$$

式中

$$x_1^{(1)} = x_1^{(0)}$$

将 $\vec{x}_{k+1}^{(1)}$ 计算值做累减还原，即得到原始数据的估计值：

$$\vec{x}_{k+1}^{(0)} = \vec{x}_{k+1}^{(1)} - \vec{x}_k^{(1)} \tag{3-20}$$

$GM(1,1)$ 模型的拟合残差中往往还有一部分动态有效信息，可以通过建立残差 $GM(1,1)$ 模型对原模型进行修正。

3.1.7.2　预测模型的后验差检验

可以用关联度及后验差对预测模型进行检验，下面介绍后验差检验。记 0 阶残差为：

$$\varepsilon_i^{(0)} = x_i^{(0)} - \vec{x}_i^{(0)}, i=1,2,\cdots,n \tag{3-21}$$

式中，$\vec{x}_i^{(0)}$ 是通过预测模型得到的预测值。

残差均值：

$$\bar{\varepsilon}^{(0)} = \frac{1}{n} \sum_{i=1}^{n} \varepsilon_i^{(0)} \tag{3-22}$$

残差方差：

$$s_1^2 = \frac{1}{n} \sum_{i=1}^{n} (\varepsilon_i^{(0)} - \bar{\varepsilon})^2 \tag{3-23}$$

原始数据均值：

$$\bar{x} = \frac{1}{n} \sum_{i=1}^{n} x_i^{(0)} \tag{3-24}$$

原始数据方差：

$$s_2^2 = \frac{1}{n} \sum_{i=1}^n (x_i^{(0)} - \bar{x})^2 \tag{3-25}$$

为此可计算后验差检验指标。

后验差比值 c：

$$c = s_1 / s_2 \tag{3-26}$$

小误差概率 P：

$$P = P\{|\varepsilon_i^{(0)} - \bar{\varepsilon}^{(0)}| < 0.6745 s_2\} \tag{3-27}$$

按照上述两指标，可从表 3-1 查出精度检验等级。

表 3-1 精度检验等级

预测精度等级	P	c
好	>0.95	<0.35
合格	>0.80	<0.5
勉强	>0.70	<0.45
不合格	≤0.70	≥0.65

3.1.8 贝叶斯网络预测法

贝叶斯网络（Bayesian network，BN），又称为贝叶斯信服网络（Bayesian belief network，BBN），是图论和概率论的结合。BN 是变量间概率关系的图形化描述，提供了一种将知识图解可视化的方法，同时又是一种概率推理技术，使用概率理论来处理不同知识成分之间因素条件相关而产生的不确定性。

3.1.8.1 特点

贝叶斯网络最早是由 Judea Pearl 于 1988 年提出的。20 世纪 80 年代贝叶斯网络主要用于专家系统的知识表示，20 世纪 90 年代进一步研究可学习的贝叶斯网络，用于数据挖掘和机器学习。近年来，贝叶斯网络的研究和应用涵盖了人工智能的大部分领域，包括因果推理、不确定性知识表达、模式识别和聚类分析等。目前，贝叶斯网络以其独特的不确定性知识表达形式、丰富的概率表达能力、综合先验知识的增量学习特性，成为数据挖掘领域中最为引人注目的焦点之一。

贝叶斯网络主要用于解决不确定性的问题，其优势主要体现在以下几个方面。

（1）贝叶斯网络将有向无环图与概率理论有机结合，不但具有正式的概率理论基础，同时也具有更加直观的知识表示形式，促进了知识和数据领域之间的关联关系。由于贝叶斯网络具有语义的因果关系，因而可以直接地进行因果先验知识的分析，所以在贝叶斯网络中可以获得较全面的先验知识。

（2）贝叶斯网络可以对复杂的系统进行建模，应用领域的广泛性可以说明这一点。贝叶斯网络还能够处理不完备数据集。因为贝叶斯网络反映的是整个数据域中数据间的概率关系，即使缺少某一数据变量仍然可以建立精确的模型，不会产生偏差。

（3）贝叶斯网络与一般知识表示方法不同的是对于问题域的建模，当条件或行为等发生变化时，不用对模型进行修正。其特有的学习、更新能力可以不断吸取新信息，缩小与实际的偏差，适应周围环境的变化。

（4）贝叶斯网络没有确定的输入或输出节点，节点之间是相互影响的，任何节点观测值的获取或者对于任何节点的干涉，都会对其他节点造成影响，并可以利用贝叶斯网络推理进行估计和预测。

3.1.8.2　表达

贝叶斯网络是表示变量间概率依赖关系的有向无环图，网络中每个节点对应于问题领域中每个变量（或事件）。节点之间的弧表示变量间的概率关系，同时每个节点都对应着一个条件概率分布表（CPT），指明了该节点与父节点之间概率依赖的数量关系。

设 $V=\{X_1+X_2+\cdots+X_n\}$ 是值域 U 上的 n 个随机变量，则值域 U 上的贝叶斯网络为 BN(BS,BP)。

（1）BS$=(V,E)$ 是一个定义在 V 上的有向无环图 Γ（directed acyclic graph，DAG），V 是该有向无环图 Γ 的节点集，E 是 Γ 的边集。如果存在一条节点 X_i 到节点 X_j 的有向边，则称 X_i 是 X_j 的父节点（parent），X_j 是 X_i 的子节点（child）。记 X_i 的所有父节点为 πX_i，或 PaX_i。

（2）BP$=\{P(X_i|\pi X_i)[0.1]|X_i EV\}$。没有父节点的节点称为根节点（root node），没有子节点的节点称为叶节点（leaf node）。一个节点的祖先节点（ancestors）包括其父节点及父节点的祖先节点，一个节点的后代节点（descendants）包括其子节点及子节点的后代节点。对于 V 中的每个节点都附有一个概率分布，根节点 X_i 所附的是它的边缘分布 $P(X_i)$，而非根节点 X_j 所附的是条件概率分布函数 $P(X_j|\pi X_j)$。

联合概率分布就是各变量所附的概率分布相乘，表示为：

$$P(X_1+X_2+\cdots+X_n)=\prod_{i=1}^{n}P(X_i|X_{i-1},\cdots X_1) \tag{3-28}$$

在不确定信息领域，条件独立性是一种构造知识的重要方法。在贝叶斯网络中，每一节点在给定其父节点后都条件独立于它的前辈节点，故有：

$$P(X_1,X_2,\cdots,X_n)=\prod_{i=1}^{n}P(X_i|\pi X_i) \tag{3-29}$$

其中，πX_i 为 X_i 的直接祖先节点（父节点），当 $\pi X_i=\Phi$ 时，$P(X_j|\pi X_j)$ 即边缘分布 $P(X_i)$。

有向无环图如图 3-2 所示。

3.1.9　神经网络预测法

20 世纪 40 年代，随着神经解剖学、神经生理学以及神经元的电生理过程等研究取得突破性进展，人们对脑的结构、组成以及最基本的工作单元有了越来越深刻的认识，在此基础上，借助数学和物理的方法从信息处理角度对人脑神经网络进行抽象和简化，建立起简化的模型，称为人工神经网络（artificial neural networks，ANNs）。

人工神经网络也称为神经网络，是由大量简单的神经元相互连接而成的网络，可以模拟人脑的思维过程，实现了人工智能中的学习、判断、推理等功能。人工神经网络本质上是一种复杂的非线性系统，因为借鉴了生物神经网络的诸多优点，所以它具有高度的并行性、非线性、自适应性和容错性，而且它有着很强的记忆功能和学习能力。

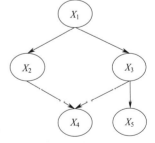

图 3-2　有向无环图

对人工神经网络的研究可以追溯到 20 世纪 40 年代。1943 年神经学家 W. S. McCulloch 和数学家 W. Pitts 首先提出神经元数学模型即 M-P 模型，开创了人工神经网络研究的先河。此后有关人工神经网络的研究异常活跃。但是 1969 年 M. Minsky 和 S. Papert 出版专著《感知器》，指出单层感知器神经网络只能用于线性问题的求解，而非线性网络问题却无法求解。他们的悲观结论使很多人放弃了研究，神经网络进入一个缓慢发展的低潮期。又经过十多年低潮期的理论积累，直到 20 世纪 80 年代人工神经网络的研究终于取得了新的突破，特别是 1982 年 John. J. Hopfield 提出著名的 Hopfield 网络模型，开拓了人工神经网络研究的新途径，重新掀起神经网络研究的热潮。另外一个突破性的研究是 D. E. Rumelhart 等在 1986 年提出了解决多层网络权值修正的 BP 算法，找到了解决非线性网络问题的办法，进一步使得神经网络的研究在近几十年中得到了突飞猛进的发展。到目前为止，各种网络模型及其相应的算法已逐渐成熟，并且还演变出了很多修正的模型和算法。

随着人们对大脑处理机制日益深化的认识，以及各种智能学科领域的交叉渗透，人工神经网络应用的领域也在不断地扩展。神经网络的研究涉及自动控制、组合优化、模式识别等诸多方面，在化工领域、经济领域，以及医学、运输、电子通信等各个领域都有广泛的应用。

事故预测较其他领域的预测问题，有其特殊性。因为事故的发生机制往往非常复杂，一般都含有一定的非线性关系，而且没有显式的模型结构。所以用经典回归分析或者时间序列预测方法有时可能无法建立合适的模型。人工神经网络具有极强的非线性逼近能力以及对外部环境的适应能力，可以用来处理这种情况。利用神经网络的特点，对事故进行预测更符合事故发生的特性，也解决了传统预测方法需要事先构建含有参数的结构模型的局限。

事故预测中最常用的是基于神经网络的趋势预测，包括交通事故预测、煤矿生产安全预测、火灾事故预测、工伤事故预测、民航安全预测等，通过神经网络将时间序列的历史数据映射到未来数据，从而预测未来事故的发生。

基于神经网络的回归预测是通过神经网络分析事故的各个相关因素与预测样本的关联程度，把各相关因素的未来值作为时间序列的历史数据映射到未来数据。涉及的安全领域主要有交通事故预测、煤矿安全生产等。

此外，神经网络还可以与常规的预测方法相结合，建立非线性组合预测模型，即在一定的误差评定模式下，将各个常规预测结果作为神经网络的输入。

3.2 系统安全决策方法

决策是人们为了实现特定的目标，在占有大量调研预测资料的基础上，运用科学的理论和方法，充分发挥人的智慧，系统地分析主客观条件，围绕既定目标拟订各种实施预选方案，并从若干个有价值的目标方案、实施方案中选择和实施一个最佳的执行方案的人类社会的一项重要活动，是人们在改造客观世界的活动中充分发挥主观能动性的表现，它涉及人类生活的各个领域。

安全决策是通过对系统过去、现在发生的事故进行分析的基础上，运用预测技术的手段，对系统未来事故变化规律做出合理判断的过程。安全决策理论源于人们对人类生存、生活空间的安全需要，源于人类对人类风险的正确分析。

3.2.1 系统安全决策概述

3.2.1.1 决策过程

决策是人们为实现某个（些）准则而制定、分析、评价、选择行动方案并组织实施的全部活动；也是提出、分析和解决问题的全部过程。主要包括五个阶段，如图 3-3 所示。在这种典型的决策过程中，系统分析、综合、评价是系统工程的基本方法，亦是决策（评价）的主要阶段。

（1）分析　一般是指把一件事物、一种现象或一个概念分成较简单的组成部分，找出这些部分的本质属性和相互关系。系统分析是为了给决策者提供判断、评价和抉择满意方案所需的信息资料，系统分析人员使用科学的分析方法对系统的准则、功能、环境、费用、效益等进行充分的调查研究，并收集、分析和处理有关的资料和数据，对方案的效用进行计算、处理或仿真试验，把结果与既定准则体系进行比较和评价，作为决策的主要依据。

（2）综合　一般是指把分析过的对象的各个部分、各种关系联合成一个整体。系统综合就是根据分析结果确定系统的组成部分及它们的构成方式和运作方式，进行系统设计，形成满足约束条件的可供优选的备选方案。

（3）评价　一般是对分析、综合结果的鉴定。评价的主要目的是判别设计的系统（备选方案）是否达到了预定的各项准则要求，能否投入使用，这是决策过程中的评价。

最后，根据分析、综合评价的结果，再引入决策者的倾向性信息和酌情选定的决策规划，排列各备选方案的顺序，由决策者选择满意方案付诸实施。如果实施的结果不满意或不够满意，可根据反馈的信息，返回到上述几个阶段的任何一个阶段，重复、更深入地进行决策分析研究，以期获得尽可能满意的结果。

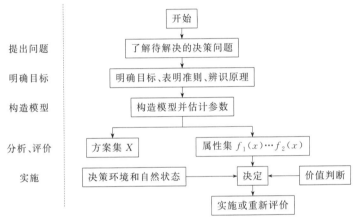

图 3-3　典型的决策过程

3.2.1.2　决策要素

决策的要素有决策单元和决策者、准则体系、决策结构和环境、决策规则等。

（1）决策单元和决策者　决策单元常常包括决策者及共同完成决策分析研究的决策分析者，以及用以进行信息处理的设备。决策单元的工作是接受任务、输入信息、生成信息和加工成智能信息，从而产生决策。决策者是指对所研究问题有权利、有能力做出最终判断与选择的个人或集体。其主要责任在于提出问题，规定总任务和总需求，确定价值判断和决策规划，提供倾向性意见，抉择最终方案并组织实施。

（2）准则体系　对一个有待决策的问题，必须首先定义它的准则。在现实决策问题中，准则常具有层次结构，包含有目标和属性两类，形成多层次的准则体系。

（3）决策结构和环境　决策的结构和环境属于决策的客观态势（情况）。为阐明决策态势，必须尽量清楚地识别决策问题的组成、结构和边界，以及所处的环境条件。它需要标明：决策问题的输入类型和数量；决策变量（备选方案）集和属性集以及测量它们的标度类型；决策变量（方案）和属性间以及属性与准则间的关系。

（4）决策规则　决策就是要从众多的备选方案中选择一个用以付诸实施的方案，作为最终的抉择。在做出最终抉择的过程中，要按照多准则问题方案的全部属性值的大小进行排序，从而依序择优。这种促使方案完全序列化的规则，便称为决策规则。决策规则一般可分为两大类：最优规则和满意规则。

3.2.1.3 安全决策过程

安全决策与通常的决策过程一样，应按照一定的程序和步骤进行。不同的是，在进行安全决策时，应注意安全问题的特点，确定各个步骤的具体内容。

（1）确定目标 决策过程首先需要明确目标，也就是要明确需要解决的问题。对安全而言，从大安全观出发，安全决策所涉及的主要问题就是保证人们的生产安全、生活安全和生存安全。但是这样的目标所涉及的范围和内容太大了，以至于无法操作，应进一步界定、分解和量化。

另外，对于决策目标应有明确的指标要求；对于技术问题，应有风险率、严重度、一定可靠度下的安全系数以及事故率、时间域和空间域等具体量化指标；对于难于量化的定性目标，则应尽可能加以具体说明。

（2）确定决策方案 在目标确定之后，决策人员应依据科学的决策理论，对要求达到的目标进行调查研究，进行详细的技术设计、预测分析，拟出几个可供选择的方案。

首先，应根据总目标和指标的要求将那些达不到目标基本要求的方案舍弃掉，然后再加权法或其他数学方法对各个方案进行排序。排在第一位的方案也称为备选决策提案。备选决策提案不一定是最终决策方案，还需要经过技术评价和潜在问题分析做进一步的慎重研究。

（3）潜在问题或后果分析 对备选决策方案，决策者要向自己提出"假如采用这个方案，将要产生什么样的结果？假如采用这个方案，可能导致哪些不良后果和错误？"等问题，从这些可能产生的后果中进行比较，以决定方案的取舍。

（4）实施与反馈 决策方案在实施过程中应注意制定实施规划、落实实施结构、人员职责，并及时检查与反馈实施情况，使决策方案在实施过程中趋于完善并达到预期效果。

3.2.2 ABC分析法

ABC分析法又称为主次图法、排列图法、巴雷托图法等，它的基础可追溯自巴雷托分析（Parteo analysis）。巴雷托得出了收入与人口的规律，即占人口比重不大（20%）的少数人的收入占总收入的大部分（80%），而大多数人（80%）的收入只占总收入的很小部分（20%），所得分布不平等。他提出了"关键的少数和次要的多数"原理，用来表示这种财富分配不平等等现象的统计图称为巴雷托曲线分布图。

ABC分析法运用在安全管理上，就是应用"许多事故原因中的少数原因带来较大的损失"的法则，根据统计分析资料，按照不同的指标和风险率进行分类与排列，找出其中主要危险或管理薄弱环节，针对不同的危险特性，实行不同的管理方法和控制方法，以便集中力量解决主要问题。可利用表 3-2 来划分 A、B、C 的类别。

表 3-2 划分 A、B、C 类别的参考因素

因素	A	B	C
事故严重度	可造成人员伤亡	可造成人员严重伤害、严重职业病	可能造成轻伤
对系统影响程度	整个系统或两个以上的子系统损坏	某子系统损坏或功能丧失	对系统无多大影响
财产损失	可能造成严重的损失	可能造成较大的损失	可能造成轻微的损失
事故概率	容易发生	可能发生	不大可能发生
对策的难度	很难防止，投资很大，费时很多	能够防止，投资中等，费时不很多	易于防止，投资不大，费时少

3.2.3 评分法

评分法就是根据预先规定的评分标准对各方案所能达到的指标进行定量计算比较，从而

达到对各个方案排序的目的。

(1) 评分标准 一般按 5 分制评分：优（5 分）、良（4 分）、中（3 分）、差（2 分）、最差（1 分）。当然也可按 7 个等级评分，这要视决策方案多少及其之间的差别大小和决策者要求而定。

(2) 评分方法 多数是采用专家打分的办法，即以专家根据评价目标对各个抉择方案评分，然后取其平均值或除去最大值、最小值后的平均值作为分值。

(3) 评价指标体系 一般应包括三个方面的内容：技术指标、经济指标和社会指标。

(4) 加权系数 由于各评价指标的重要性不一样，必须赋予每个评价指标一个加权系数。为了便于计算，一般取各个评价指标的加权系数 g_i 之和为 1。加权系数值可由经验确定或用判断表法计算。计算各评价指标的加权系数公式为：

$$g_i = \frac{k_i}{\sum\limits_{i=1}^{n} k_i} \tag{3-30}$$

式中 k_i——各评价指标的总分；

n——评价指标数。

表 3-3 评价项目的重要性判断

比较者 \ 被比较者	A	B	C	D	k_i	g_i
A		1	0	1	2	0.083
B	3		1	2	6	0.250
C	4	3		3	10	0.417
D	3	2	1		6	0.250
重要度排序 C>B=D>A					$\sum\limits_{i=1}^{4} k_i = 24$	$\sum\limits_{i=1}^{4} g_i = 1.0$

判断见表 3-3，将评价目标的重要性两两比较，同等重要各给 2 分，某一项重要者则分别给 3 分和 1 分，某一项比另一项重要得多则分别给 4 分和 0 分。

(5) 计算总分 有多种方法（表 3-4），可根据其适用范围选用，总分或有效值高者当为首选方案。

表 3-4 总分计算方法

序号	方法名称	公式	适用范围
1	分值相加法	$Q_1 = \sum\limits_{i=1}^{n} k_i$	计算简单、直观
2	分值相乘法	$Q_2 = \prod\limits_{i=1}^{n} k_i$	各方案总分相差大，便于比较
3	均值法	$Q_3 = \frac{1}{n} \sum\limits_{i=1}^{n} k_i$	计算简单、直观
4	相对值法	$Q_4 = \frac{\sum\limits_{i=1}^{n} k_i}{n Q_0}$	$Q_4 \leqslant 1$，能看出与理想方案的差距
5	有效值法	$N = \sum\limits_{i=1}^{n} k_i g_i$	总分中考虑了各评价指标的重要程度

注：Q_i 为方案总分值；N 为有效值；n 为方案指标数；k_i 为各评价指标的评分值；g_i 为各评价指标的加权系数；Q_0 为理想方案总分值。

3.2.4 重要度系统评分法

上述评分法适用于同一层次的评价对象，若用它们去评价多层次的复杂体系时，则存在一定的困难。原因是不同层次的上下对象之间，由于其目的不同，因而其作用与性质也就有所差别，存在一定的不可比性，如果再要评出一个数量的差异就更加困难了。为了克服这一困难，可按照重要度体系图进行评分。

具体做法是：首先对重要度体系图中的同一指标体系的底层对象评分，有几个不同指标的底层对象就评几次分；然后再对中间层评分。显然，每次评分中的指标对象都有同一目的，因为都是从上一层的一个直接的指标对象分出，故可比性强。另外，又由于每次评分时组内的对象个数少，通常可采用直接评分法，这样可使评分者易于准确地表达自己的意见，因而比较简单明了。

3.2.5　决策树法

决策树法是风险决策的基本方法之一。决策树分析方法又称为概率分析决策方法。决策树法与事故树分析一样是一种演绎性方法，就是一种有序的概率图解法。

决策树的结构如图 3-4 所示，图中符号说明如下：方块□表示决策点，从它引出的分支称为方案分支，分支数即为提出的方案数；圆○表示方案节点（也称为自然状态点），从它引出的分支为概率分支，每条分支上面应注明自然状态（客观条件）及其概率值，分支数即为可能出现的自然状态数；三角△表示结果节点（也称为末梢），它旁边的数值是每一方案在相应状态下的收益值。

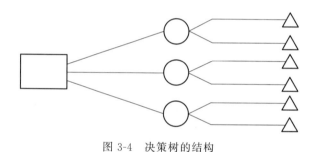

图 3-4　决策树的结构

决策步骤为：首先根据决策问题绘制决策树；计算概率分支的概率之和相应的结果节点的收益值；计算各概率点的收益期望值；确定最优方案。

3.2.6　技术经济评价法

技术经济评价法是对抉择方案进行技术经济综合评价时，不但考虑评级指标的加权系数，而且采取的技术价和经济价都是相对于理想状态的相对值。这样更便于决策判断与方案筛选。

3.2.6.1　技术评价

技术评价的步骤如下。

（1）确定评价的技术项目和评级指标集。

（2）明确各技术指标的重要程度。

（3）分别对各个技术指标进行评分。

（4）进行技术指标总评价。

$$W_t = \frac{\sum\limits_{i=1}^{n} V_i g_i}{V_{\max} \sum\limits_{i=1}^{n} g_i} = \frac{\sum\limits_{i=1}^{n} V_i}{n V_{\max}}$$

（3-31）

式中　W_t——技术价；

　　　V_i——各技术评价指标的评分值；

　　　V_{max}——各技术评价指标的最高分（对理想方案，5 分制的 5 分）；

　　　n——技术评价指标个数；

　　　g_i——各技术评价指标的加权系数，取 $\sum\limits_{i=1}^{n} g_i = 1$。

技术价 W_t 越高，方案的技术性能越好。理想方案的技术价为 1，$W_t < 0.6$，表示方案不可取。

3.2.6.2　经济评价

经济评价的步骤如下。

（1）按成本分析的方法，求出各方案的制造费用 C_i。

（2）确定该方案的理想制造费用。通常理想的制造费用 C_1 是允许制造费用的 0.7 倍。允许制造费用 C 可按下式计算：

$$C = \frac{C_1}{0.7} = \frac{C_{M,min}}{C_s / C_i} \tag{3-32}$$

式中　$C_{M,min}$——合适的市场价格；

　　　C_s——标准价格，是研制费用、行政管理费用、销售费用、盈利和税金的总和；

　　　C_i——制造费用。

（3）确定经济价。确定经济价的公式为：

$$W_w = \frac{C_1}{C_i} = \frac{0.7C}{C_i} \tag{3-33}$$

经济价值 W_w 越大，经济效果越好。理想方案的经济价为 1，表示实际生产成本等于理想成本。W_w 的许用值为 0.7，此时，实际生产成本等于允许成本。

3.2.6.3　技术经济综合评价

可用相对价 W 法进行技术经济综合评价。

（1）均值法　可按下式计算：

$$W = 0.5(W_t + W_w) \tag{3-34}$$

（2）双曲线法　可按下式计算：

$$W = \sqrt{W_t + W_w} \tag{3-35}$$

相对价值 W 越大，方案的技术经济综合性能越好。一般应取 $W > 0.65$。当 W_t、W_w 两项中有一项数值较小时，用双曲线法能使 W 值明显变小，更便于对方案的抉择。

第4章
系统安全设计与安全人机工程理论

4.1 安全人机工程概论

4.1.1 安全人机工程学发展历程

随着机械产品的发展，安全人机工程学逐渐成为了人机学中的重要研究内容之一。安全人机工程学的发展分为三个阶段。

（1）经验人机工程学 第二次世界大战以前，主要进行动作研究和车间管理研究。以机械产品为主体，针对工人熟练操作度、疲劳程度、工作时间设计和残疾人使用设备的设计等问题，研究人如何适应机器生产。

（2）科学人机工程学 1950年英国成立了世界上第一个人类工效学会，1961年国际人机工程协会成立，研究的重点从以人为主体开始转向使机器适应人，机器生产中应采取哪些防护措施确保人的安全生产。

（3）现代人机工程学 20世纪80年代以前，人机工程学主要集中在航天领域和军事工业，随后逐渐向其他领域扩展，但仍然不为大多数人所知，直至90年代核电站事故和工厂大型事故频发时，人们才开始把更多的目标转向对人机安全问题的研究。90年代之后，逐渐形成了人-机-环境系统的科学研究，随之产生了包括药物器械研究、老人产品设计、人的生活和工作质量提高的设计。

20世纪70年代末至80年代初，我国开始实施改革开放的政策，各界科学工作者学术思想异常活跃，科学理论研究与传播蓬勃兴起，中国科学技术协会邀请钱学森教授等带头宣传马克思主义哲学思想、系统科学与系统工程方法以及科学技术体系学、科学能力学与政治科学的框架和内容。这一系列的高级科普活动，对交叉和综合性的科学学科诞生起到了重要的科学启蒙作用。特别是1982年钱学森等著的《论系统工程》一书的出版，对中国安全科学学科理论及其科学技术体系模型，以及安全人机工程学分支学科在1985年的提出，奠定了至关重要的科学思想和方法论基础。

1983年9月中国劳动保护技术学会成立后，要加入中国科协成为团体会员，其前提是必须明确学会的学科名称、学术活动范围以及与相邻学科的关系。同年湖南大学衡阳分校安全工程教研室开始了为"工业安全技术"专业的学生开设"人机工程概论"课程的筹备工作。通过 1984 年课程讲授实践和对学科理论的研究，为 1985 年我国提出建立"安全人机工程学"创造了必要条件。

1985 年 5 月在中国劳动保护科学技术学会召开的青岛会议上，其中的《从劳动保护工作到安全科学（之二）——关于创建安全科学的问题》和《关于安全人机工程学体系的探讨》等论文，在我国首次提出并论证了安全科学学科理论与安全科学技术体系结构和安全人机工程学的学科属性及其与安全工程学的关系。由此，安全人机工程学科建设已日渐成熟，学科地位也更加明确。

4.1.2　研究对象和研究方法

4.1.2.1　研究对象

在任何一个人类活动场所，总是包括人和机（此处的机是广义的，即物）两大部分。这两种性质截然不同的要素——人与机，彼此之间存在物质、能量和信息不停交换（即输入、输出）和处理上的本质差异。而人机结合面起着人机间沟通的作用，各自发挥功能，提高系统的效率，保证系统的安全。因此，人机系统是一个有机的整体，如图 4-1 所示，这个整体包括人、机、人机结合面。

图 4-1　人际关系示意图

这里所谓的人（man），是指活动的人体，即安全主体。人应该始终是有意识、有目的地操纵物（机器、物质）和控制环境的，同时又接受其反作用。不管机械化和自动化的成就有多大，不管人使用的能源是多么新颖和充裕，也不管使用什么信息传递系统，不管过去、现在，还是将来，人总该是人与复杂的外界之间相互作用链条上起决定作用的一环；人也应该是他所创造的并为他自己服务的任何系统的安全主导；其自身依靠的科学基础都需要借用生理学、心理学、人体生物力学、解剖学、卫生学、人类逻辑学、社会学等人体科学的研究成果。

这里所谓的机（machine），是广义的，它包括劳动工具、机器（设备）、劳动手段和环境条件、原材料、工艺流程等所有与人相关的物质因素。机应是执行人的安全意志，服从于人，其基础需要由安全设备工程学的安全机电工程学、卫生设备工程学和环境工程学等学科去研究。

所谓人机结合面（man-machine inferface），就是人和机在信息交换和功能上接触或互相影响的领域（或称"界面"）。此处所说人机结合面、信息交换、功能接触或互相影响，不仅指人与机器的硬接触（即一般意义上的人机界面或人机接口），而且包括人与机的软接触，此结合不仅包括点、线、面的直接接触，甚至还包括远距离的信息传递与控制的作用空间。人机结合面是人机系统中的中心环节，主要由安全工程学的分支学科即安全人机工程学去研究和提出解决的依据，并通过安全设备工程学、安全管理工程学以及安全系统工程学去研究具体的解决方法、手段、措施。

由以上分析可以看出，安全人机工程学主要是从安全的角度和以人机工程学中的安全为着眼点进行研究的，其研究对象是人、机和人机结合面三个安全因素。其目的是：研究以保证工作（包括各种活动）效率为必要条件和以追求实现人的安全（含健康，下同）为目标，研究实现这一要求所需要的人机学理论、方法、手段和采取安全设备工程或其他工程措施的依据。

4.1.2.2　研究方法

人机工程学的研究方法除本学科建立的独特方法外，还广泛采用了人体科学和生物科学等相关学科的研究方法和手段，也运用了系统、控制、信息、统计与概率等其他学科的一些研究方法。这些方法包括：对人体结构尺寸、功能尺寸的测量，对人在活动中的行为特征的分析，对人的活动时间和动作的分析；对人在作业前、后及作业中的心理状态和各种生理指标动态变化的监控，分析人的活动可靠性、差错率、意外伤害原因等；运用电子计算机模拟或仿真人的作业过程；试验运用统计学的方法找出各变数之间的相互关系等。具体介绍如下。

（1）测量方法　测量方法是人机工程学中研究人形体特征的主要方法，它包括尺度测量、动态测量、力量测量、体积测量、肌肉疲劳测量和其他生理变化的测量等几个方面。

（2）模型工作方法　这是设计师的必用工作方法之一。设计师可通过模型构思方案，规划尺度，检查效果，发现问题，有效地提高设计成功率。

（3）调查方法　人机工程学中许多感觉和心理指标很难用测量的办法获得。有些即使有可能，但从设计师的角度及工作范围来判断也无此必要，因此，他们常以调查的方法获得这方面的信息。如每年持续对 1000 人的生活形态进行宏观研究，收集和分析人格特征、消费心理、使用性格、扩散角色、媒体接触、日常用品使用、设计偏好、活动时间分配、家庭空间运用以及人口计测等，并建立起相应的资料库。调查的结果尽管较难量化，但却能给人以直观的感受，有时反而更有效。

（4）数据的处理方法　当设计人员的测量或调查对象是一个群体时，其结果就会有一定的离散度，必须运用数学方法进行分析处理，才能将其转化成具有应用价值的数据库，对设计起到一定的指导意义。

4.2　人-机-环境系统中人的基本特性和模型

在人-机-环境系统中，人是工作的主体，起着主导作用。因此，在设计任何人-机-环境系统时都需要对人的特性进行充分考虑，确保机的设计与环境的设计符合人的需要。人是一个开放的巨系统，要与外界进行物质交换、能量交换和信息交换。

4.2.1　人的物理特性

人的物理特性主要包括几何特性、力学特性、热学特性、电学特性、声学特性以及其他物理特性。

（1）人的几何特性　应用于人机工程设计的人的几何特性（又称为人体测量数据）可分为人体静态几何特性与人体动态几何特性。人体静态几何特性又称为静态人体测量尺寸，例如人体的长度、宽度、高度、围度等；人体动态几何特性又称为动态人体测量尺寸，例如人体活动时的各种度量。人体主要尺寸见表 4-1。

表 4-1　人体主要尺寸

测量项目	男性（18～60 岁）百分位数						
	1%	5%	10%	50%	90%	95%	99%
身高/mm	1543	1583	1604	1678	1754	1755	1814
体重/kg	44	48	50	59	70	75	83
上臂长/mm	279	289	294	313	333	338	349
前臂长/mm	206	216	220	237	253	258	268
大腿长/mm	413	428	436	465	496	505	523
小腿长/mm	324	338	344	369	396	403	419

续表

测量项目	女性(18~55 岁)百分位数						
	1%	5%	10%	50%	90%	95%	99%
身高/mm	1449	1484	1503	1570	1640	1659	1697
体重/kg	39	42	44	52	63	66	71
上臂长/mm	252	262	267	284	303	302	319
前臂长/mm	185	193	198	213	229	234	242
大腿长/mm	387	402	410	438	467	476	494
小腿长/mm	300	313	319	344	370	375	390

表 4-2　人体主要骨骼的力学特性

力学特性	股骨	胫骨	肱骨	桡骨
抗拉强度极限/MPa	124±1.1	174±1.2	125±0.8	152±1.4
最大伸长百分比/%	1.41	1.50	1.43	1.50
拉伸时的弹性模量/GPa	17.6	18.4	17.5	18.9
卡亚极限强度/MPa	170±4.3	—	—	—
最大压缩百分比/%	1.85±0.04	—	—	—
拉伸时的抗剪强度极限/MPa	54±0.6	—	—	—
扭转弹性模量/GPa	3.2			

（2）人的力学特性　人体生物力学侧重研究人体各部分的力量、活动范围、速度，人体组织对于不同阻力所发挥的力量等问题。人的骨骼和肌肉是人体的主要运动器官，人体的力学特性也主要由这两种器官决定。

人体主要骨骼的力学特性见表 4-2。

（3）人的其他物理特性　人的其他物理特性主要包括人的热力学特性、人的电学特性、人的磁学特性及人的声学特性等。

4.2.2　人的生理特性

人的生理特性、心理特性和人的能力限度是进行人-机-环境系统设计与优化的基础。人的生理特性主要包括人的感觉特性、适应性和生理节律性。其中，人体的兴奋性和反应性也反映在上述特性中。

（1）人的感觉和知觉特性　感觉是人脑对直接作用于感觉器官的客观事物某些属性的反映。感觉还反映人体本身的活动状态。同时，感觉又是一个过程，客观事物直接作用于人的感觉器官，产生神经冲动，并由传入神经传到中枢神经系统，引起感觉。感觉可分为三大类：接受外部刺激的外感受器；接收人体内部刺激的内感受器；在身体外表面和内表面之间的本体感受器。

知觉是人脑对直接作用于感觉器官的客观事物和主观状态整体的反映。知觉是在感觉的基础上产生的，感觉到的事物的个别属性越丰富、越精确，则对指数的知觉就越完整、越正确。但知觉不是感觉简单相加，而是表现为对事物的整体认知。知觉可大体上分为空间知觉、时间知觉和运动知觉三大类。

这里应指出的是，在生活或生产活动中，感觉与知觉往往是密切关联的，人们往往是以知觉的形式直接反映事物，而感觉只作为知觉的组成部分存在于知觉之中，很少有孤立的感觉存在。

（2）人的生理适应性　当外界环境变化时人体将不断地调整体内各部分的功能及其相互关系，以维持正常的生命活动。人体所具有的这种根据外界环境的情况对自身内部机能进行调节的功能称为适应性。当然，条件反射也是实现机能调节和适应性的重要方面之一。另外，疲劳现象也是人生理适应性的一种特殊表现形式。

4.2.3　人的心理特性

人的心理活动具有普遍性和复杂性。普遍性是因为它始终存在于人的日常生活与完成工作任务的全过程。复杂性则体现在它既有有意识的自觉反映形式，又有无意识的自发反映形式，既有个体感觉与行为水平上的反映，又有群体社会水平上的反映，总的概括起来，人的心理特性可分为心理过程与个性心理两个方面。人的心理过程可以分为认识过程、情感过程和意志过程。人的个性是人所具有的个人意识倾向性和比较稳定的心理特点的总称。对两者的研究有利于确定人在作业过程中的心理特性。

4.2.4　人的热调节数学模型以及热应激与冷应激反应

国外典型人体热调节系统数学模型见表 4-3。

表 4-3　国外典型人体热调节系统数学模型

研究者	年份	模型的特色及主要贡献
Machele、Hatch	1947	利用中央核心和皮肤壳体温度概念建立了人体能量平衡方程，开始人体温度分布的研究
Pennes	1948	提出了生物热工程，给出了灌注血液同组织换热的计算方式，开创了人体温度分布研究
Burton	1955	引进热效率因子建立考虑服装影响的人体温度计算模型
Woodcock	1958	采用电模拟方法研究了人体温度分布的动态响应问题
Wyndham、Atkins	1960	首次研究了人体温度分布的动态响应问题
Brown	1961	采用电模拟方法研究了冷水浸泡人体温度分布计算模型
Crosbie	1961	首次建立了考虑人体生理调节功能的人体温度调节闭环控制模型，提出了调定点理论的初步思想
Wissler	1963	建立了 6 段人体热调节系统数学模型
Stolwijk	1963 1971	提出了 6 节段 25 单元模型，并根据"调定点学说"采用负反馈控制系统定量描述了人体热生理反应，建立了热生理活动控制模型
Buchberg、Harrh	1968	首次将人体热调节系统数学模型用于工程实际
Nishi	1970	提出蒸发热交换的渗透效率因子，建立了考虑服装影响人体表面蒸发换热的人体调节模型
Motgomery	1974	使用改进的 Stolwijk 模型研究人在冷环境中的生理反应
Gordon	1975	根据一些新的生理数据建立了冷气环境中人体温度调节数学模型，把皮肤热流量作为控制信号的一部分
Kuznetz	1976	改进了 Stolwijk 模型，并将模型用于"阿波罗"登月工程，这是迄今为止人体热调节系统数学模型最重要的工程应用实例
Werner	1977 1988	采用"数学系统分析"方法，建立了目前最复杂、最完善的三维人体热调节系统数学模型
Shitzer	1984	发表了 14 节段二维模型，在模型中引入临界出汗温度，对出汗量计算做了重要修改
Chen、Holems	1980	提出了目前最完善的生物热方程
Wissler	1985	建立了可用于冷热环境的 15 节段模型，该模型可以计算 225 个温度
Tikuisis	1988	以 Stolwijk 和 Motgomery 模型为基础建立了冷水浸泡人体热调节模型，根据试验观察现象建立了寒战产热的经验公式

（1）人-机-环境系统中人体热调节的数学模型　通常，人体生理系统的建模主要指的是呼吸系统、循环系统、热调节系统、神经系统、脑系统和视觉系统的研究。

人体热调节模型的研究总的可以分为三类：纯生理学模型，用来探索人体热调节的正常生理学基础，以便预测生理学反应；应用生理学模型，用来预测疾病及临床治疗对热调节的影响；工程生理学模型，用来模拟体温变化，确定环境应激水平或分析特定的人机与环境系统的控制特性和能力。下面仅介绍第三类模型。

对人体热调节的工程生理学模型，Wissler 认为应该开展三方面的研究工作：人体温度场的求解；热调节系统响应的建模；边界条件的分析与处理。表 4-3 给出了国外研究者在不同时期采用不同方法建立的具有典型代表意义的人体热调节系统数学模型。

（2）人体热调节系统的控制框图　人体温度控制系统简图如图 4-2 所示。人体温度调节系统是由许多器官和组织构成的。从控制论的角度来看，它是一个带负反馈闭环控制系统。在该系统中，体温是输出量，人体的基准温度为参考输入量（图 4-2）。

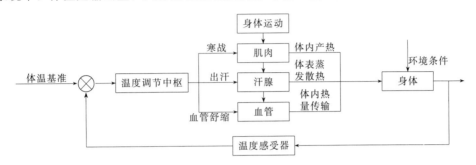

图 4-2　人体温度控制系统简图

人体热调节系统由控制分系统和被控分系统两部分组成（图 4-3）。控制分系统由温度感受器、控制器及效应器组成；被控分系统是指温度感受器、控制器及效应器以外的人体部分，以下将被控分系统简称为人体。

显然，由图 4-3 可知，人体热调节系统是一个带有负反馈的自动调节系统，其数学模型可由以下两部分组成：被控分系统的数学模型，主要是建立能够描述人体能量平衡关系的生物热方程；控制分系统的数学模型，主要是对温度感受器、控制器以及效应器进行数学描述。

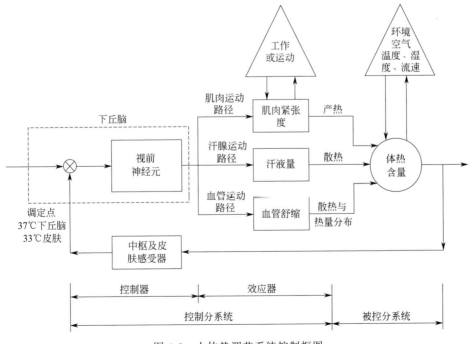

图 4-3　人体热调节系统控制框图

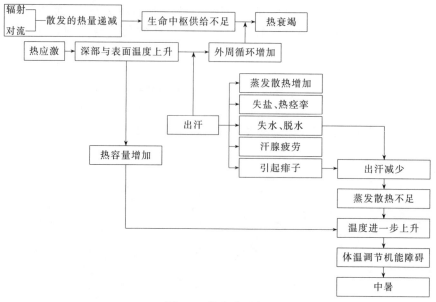

图 4-4   热应激反应

（3）热应激时人体的生理反应   在温度应激环境下，正常的热平衡受到破坏，人体将产生一系列复杂的生理和心理变化，称为应激反应或紧张。相对于冷、热应激，存在冷、热紧张两类反应。下面先讨论热应激反应时人体的热紧张过程。热应激环境下产生的热紧张主要由于散热不足而引起，其过程大致可分为代偿、耐受、热病、热损伤四个阶段。热应激反应的过程可用图 4-4 予以扼要说明。

（4）冷应激时人体的生理反应   与热环境产生的热紧张类似，人在冷环境下产生的冷紧张（又称为冷应激反应），其过程也可分为四个阶段。冷应激反应的过程可用图 4-5 予以扼要说明。

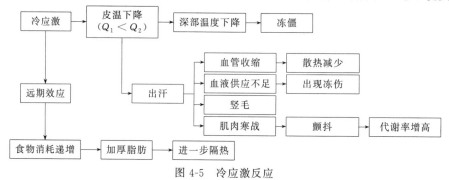

图 4-5   冷应激反应

4.2.5   人的热舒适模型及其评价指标

（1）人体的热舒适模型   不管人体的生理活动多么复杂，从热力学的观点来看，人与环境的热交换总是要遵循自然界的最基本法则——能量转换定律（又称为热力学第一定律）。如果将人体看成一个系统，那么系统所获得的能量减去系统所失去的能量应该等于系统的能量积累。从这一观点出发，可以用热平衡方程描述人与环境的热交换，即：

$$S = M - W - R - C - E \tag{4-1}$$

式中，M 为人体新陈代谢率；W 为人体所完成的机械功；R 为人体与环境的辐射热交换；C 为人体与环境的对流热交换；E 为人体由于呼吸、皮肤表面水分蒸发以及出汗所造成的与环境的热交换；S 为人体的蓄热率；式中各项采用的单位均为 W/m^2。

人体热平衡方程中 S 为蓄热率，从动态平衡的角度看，人体正处于热平衡状态。人体蓄热也受到人体温度的影响。

目前热舒适模型研究中范格的热舒适方程运用较为普遍，他利用热舒适方面的资料与人体传热的物理方程相结合。范格认为能够确定人体舒适状态的物理参数主要应该与人体有关。

（2）人的热感觉以及相关的评价指标　一个是热应力指标（heat stress index，HIS），热应力指标是表示人体维持热平衡所需的通过皮肤的实际蒸发热损失与可能的最大蒸发热损失之比值。

另一个是热感觉等级，对热感觉等级，表 4-4 分别列出了 Thomas Bedford（托马斯·百德福德）以及 ASHRAE 提出的两种七级分级法。研究表明，采用七级分级法是适合正常人的分辨能力的，并且七级的好处在于使热舒适或热中性状态正好在等级中心。

表 4-4　热感觉等级的七级分级法

百德福德法	ASHRAE 法	指标值
极热	热	7
太热	暖和	6
适度的热	稍暖	5
舒适(不冷也不热)	中性(舒适)	4
适度的冷	稍凉	3
太冷	凉	2
极冷	冷	1

4.2.6　人的作业能力与疲劳分析

在人进行体力作业时，人体将产生种种生理、生化以及心理效应。本节将讨论人进行作业时的生理效应（即人体作业对能量代谢、心血管系统以及呼吸系统的影响），并对作业疲劳进行系统的分析。

4.2.6.1　作业能力的动态分析

作业能力是指作业者完成某项作业所具备的生理、心理特征和专业技能等综合素质。它是作业者蕴藏的内部潜力。这些心理、生理特征，可以从作业者单位作业时间内生产的产品数量和质量间接地体现出来。在实际生产过程中，生产的成果（这里指产量和质量）除受作业能力的影响外，还要受到作业动机等因素的影响，即：

$$生产成果＝f（作业能力×作业动机）\tag{4-2}$$

在作业动机不变的情况下，生产成果的波动主要反映在作业能力的变化。图 4-6 给出了体力作业时典型的动态变化规律，它一般呈现三个阶段。

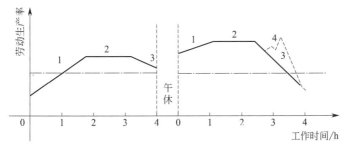

图 4-6　体力作业时作业能力动态变化的典型曲线

1—入门期；2—稳定期；3—疲劳期；4—终末激发期

（1）入门期（induction period） 作业开始时，由于神经调节系统的"一时性协调功能"尚未完全恢复与建立，致使呼吸与血液循环系统以及四肢调节迟缓，导致作业效率起点较低；随着"一时性协调功能"的加强，作业动作逐渐加快并趋于准确，习惯定型得到了巩固，作业效率迅速提高。入门期一般可持续 1～2h。

（2）稳定期（steady period） 作业效率稳定在最好水平，产品质量达到控制状态，此阶段一般可维持 1～2h。

（3）疲劳期（fatigue period） 作业者产生疲劳感，注意力起伏分散，操作速度和准确性降低，作业效率明显下降，产品质量出现非控制状态。

通常经过午休之后，下午的作业又会重复上述的三个阶段，但这时入门期和稳定期的持续时间要比午休前的短，而且疲劳期出现得早。有时在作业快结束时出现一种作业效率提高的现象（如图 4-6 中的虚线所示），这种现象称为终末激发期（terminal motivation）。通常，这个时期的维持时间很短。

4.2.6.2 作业疲劳及其测定

（1）作业疲劳的特点与分类 疲劳是一个很难准确解释的概念，迄今尚无统一的确切定义。常见的有下面两种说法：一种定义为疲劳就是作业者在作业过程中，产生作业机能衰退，作业能力明显下降，有时还伴有疲倦等主观症状的现象；另一种定义为疲劳就是人体内的分解代谢和合成代谢不能维持平衡。

作业疲劳的特点突出表现在，疲劳不仅是生理反应，而且还包含着大量的心理因素、环境因素等。通常，疲劳可分为四种类型。

① 个别器官疲劳（例如抄写、刻写蜡纸、长时间打字等）。

② 全身性疲劳，表现为全身肌肉、关节酸痛、疲乏、不愿动等主观疲倦感和客观上作业能力明显下降、误操作增加、反应迟钝甚至打瞌睡等。

③ 智力疲劳，主要是长时间从事紧张的脑力劳动所引起的第一信号系统活动能力的减退，表现为头昏脑涨、全身乏力、肌肉松弛等。

④ 技术性疲劳，例如汽车、拖拉机、飞机的驾驶作业以及收发电报或者操纵半自动化生产设备时都易出现这种疲劳现象。

（2）测定疲劳的方法 疲劳可以从三种特征上表露出来。

① 身体的生理状态发生特殊变化，如心率（脉率）、血压（压差）、呼吸以及血液中乳酸含量等发生了变化。

② 作业能力的下降，如对特定信号的反应速度、正确率、感受性等能力下降。

③ 疲倦的自我体验。

检验疲劳的基本方法可分为三类：生化法；生理心理测试法；他觉观察和主诉症状调查法。

4.2.7 人的自然倾向以及人为差错

4.2.7.1 习惯与错觉

（1）群体习惯 习惯分为个人习惯和群体习惯。群体习惯是指在一个国家或一个民族内部，人们所形成的共同习惯。一个国家或一个民族内的人，常对工器具的操作方向（前后、上下、左右、顺时针和逆时针等）有着共同认识，并在实际中形成了共同一致的习惯。这类群体习惯有的是世界各地相同的，也有的是国家之间、民族之间不同的。符合群体习惯的机械工具，可使作业者提高工作效率，减少操作错误。因此，对群体习惯的研究在人机工程学中占有相当重要的位置。

（2）动作习惯　绝大多数人习惯用右手操作工具和做各种用力的动作。他们的右手比较灵活，而且有力。但在人群中也有 $5\%\sim6\%$ 的人惯用左手操作和做各种用力的动作。至于下肢，绝大多数人也是惯用右脚，因此机械的主要脚踏控制器一般也放在机械的右侧下方。总之，惯用右侧者在人群中占绝大多数，这个事实在人机系统设计时应该予以考虑。

（3）错觉　错觉是指人所获得的印象与客观事物发生差异的现象。造成错觉的主要原因有心理因素和生理因素。

首先，讨论视错觉。视错觉主要是对几何形状的错觉，可分为四类：长度错觉；方位错觉；透视错觉；对比错觉。除了视错觉之外，还有空间定位错觉、大小与重量错觉、颜色错觉、听错觉、运动视觉中的错觉等。同样，正确地认识与掌握人可能导致的错觉现象，这对指导人机系统的合理设计十分有益。

4.2.7.2　精神紧张与躲险动作

表 4-5　紧张程度与各种作业因素之间的关系

事　项	紧张度大↔紧张度小	事　项	紧张度大↔紧张度小
能量消耗	大↔小	人所受限制	限制很多↔限制很少
作业速度	快↔慢	作业姿势	要求摆勉强姿势↔可采取自由姿势
作业精密度	精密↔粗糙	危险程度	危险感多↔危险感少
作业对象的种类	多↔少	注意力集中程度	高度集中注意力↔不需要集中注意力
作业对象的变化	变化↔不变化	人际关系	复杂↔简单
作业对象的复杂程度	复杂↔简单	作业范围	广↔窄
是否需要判断	需要判断↔机械式地进行	作业密度	大↔小

人在工作繁忙时，常处于精神紧张状态。一般来讲，紧张状态的发展可分为三个阶段：警戒反应期、抵抗期、衰竭期。在不超过衰竭期的紧张状态下，人在紧张状态时的工作能力还有可能提高。例如，某人短期内要完成某项重大科研任务，这时责任心与紧迫感会使人满怀激情地作业，从而增加了动力，提高了活动积极性。表 4-5 给出了紧张程度与各种作业因素之间的关系。表 4-6 给出了慌张与平静时的动作对比。

表 4-6　慌忙与平静时的动作对比

项　目	动作 着急慌忙	动作 平静正常	项　目	动作 着急慌忙	动作 平静正常
动作的次数/次	20.7	6.7	转来转去的动作/%	37.4	17.2
每次动作平均时间/s	8.5	36.4	无意义的动作/%	28.2	1.4
无效动作次数/次	15.4	1.6	自以为是的动作/%	31.4	1.8
有秩序、有计划的动作/%	13.3	63.7	看错、想错的次数/次	4.2	0.2

躲险行动的研究十分重要。当人静立时发现前方有物袭来会立刻做出反应，采取躲避行动。至于躲向何侧，有人曾做过试验统计（表 4-7）。由表可知，躲向左侧的人数大致为躲向右侧的 2 倍。这是因为人体重心偏右，站立时身体略向左倾，而且右手、右脚又比较强劲有力，所以在紧急时身体自然容易向左侧移动。当人在步行中如发现危险物向前方飞来时，其躲险方向除了上面所说的以外，还要看这时迈出的是左脚还是右脚。迈出左脚时有物飞来，则身体比较容易向右倾斜；而迈出右脚时有物飞来，则身体容易向左倾斜。大量的观察表明，向左躲避的情况远比向右的多。由此可知，无论是静立时还是步行时，当事者均显示出向左躲避的倾向。因此，在人工作位置的左侧留出一点地带是比较合适的。

表 4-7　静立时躲避方向的特点

避 险 方 向	落下物飞来方向			
	由左前方	由正面	由右前方	总计
左侧/%	19.0	15.6	16.1	50.7
呆立不动/%	3.0	10.5	7.3	20.8
右侧/%	11.3	7.3	9.9	28.5
左右侧比值	1.68	2.14	1.62	1.77

4.2.7.3　人为差错

（1）人为差错的定义与分类　人为差错是指人未能实现规定的任务，从而可能导致中断计划运行或引起设备或财产的损坏行为。人为差错发生的方式可分为五种。

① 没有实现某一个必要的功能任务。

② 实现了某一个不应该实现的任务。

③ 对某一任务做出了不适当的决策。

④ 对某一意外事故的反应迟钝和笨拙。

⑤ 没有察觉到某一危险情况。

人为差错所造成的后果随人为差错程度的不同以及机械安全设施的不同而不同，一般可归纳为四种类型：第一种类型，由于及时纠正了人为差错，且设备有较完善的安全设施，故对设备未造成损坏，对系统运行没有影响；第二种类型，暂时中断了计划运行，延迟了任务的完成，但设备略加修复，工作顺序略加修正之后，系统仍可正常运行；第三种类型，中断了计划运行，造成了设备的损坏和人员的伤亡，但系统仍可修复；第四种类型，导致设备严重损坏，人员有较大伤亡，使系统完全失效。

（2）人为差错发生的原因　在系统的研究与开发阶段，人为差错可分为六类。

① 设计差错。是由于设计人员设计不当造成的。例如负荷拟定不当、选材不当、经验参数选择不当、结构不妥、计算有错误等。一般来说，许多作业人员的差错都是由于设计中潜在隐患所造成的，因此设计差错是引起操作时人为差错的主要原因之一。

② 制造差错。制造差错是指产品没有按照设计图样进行加工与装配。例如使用了不合格的零件、漏装或错装了零件、接错线路等。

③ 检验差错。检验手段不正确，放宽了标准，没有完成检验的有关项目，未发现产品所潜在的缺陷。

④ 安装差错。没有按照设计图或说明书进行安装与调试。

⑤ 维修差错。对设备未能进行定期维修或设备出现异常时，没有及时维修和更换零部件。

⑥ 操作差错。操作差错是指操作人员错误地操纵机器和设备。

（3）人为差错的概率估计　人为差错的概率是对人的动作的基本量度。人为差错的概率有以下定义式：

$$P_{he} = \frac{E_n}{Q_{pe}}$$

（4-3）

式中，Q_{pe} 为发生错误机会的总次数；E_n 为给定类型错误的总次数；P_{he} 为在完成规定任务时人为差错发生的概率。表 4-8 列举了有关任务时人为差错的概率值。

表 4-8　给定任务下人为差错概率的估计

任务号	任务说明	人为差错概率
1	图标记录仪读数	0.006
2	模拟仪读数	0.003
3	读图	0.1
4	不正确地理解指示灯上的指示(个别地检查某些特殊的目的)	0.001
5	在紧张的情况下将控制转向错误的方向	0.5
6	正确地使用清单	0.5
7	与连接器相匹配	0.01
8	从很多相似的控制板中选错了控制板	0.003

4.2.8　人的行为控制与决策模型

4.2.8.1　人的行为控制模型

人体的数学控制模型的发展可划分为三个时期，如图 4-7 所示，而且这三个时期的发展都与工程控制理论的发展密切相关。

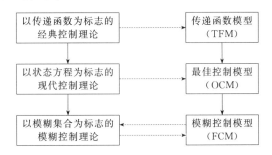

图 4-7　人体的数学控制模型的发展以及与控制理论的关系

（1）传递函数模型　20 世纪 40 年代，人的传递函数模型（transfer function model，TFM）是第一个发展时期的主要模型。

（2）最佳控制模型　20 世纪 60 年代，D. L. Kleiman 根据现代控制理论，提出了人的最佳控制模型（optimal control model，OCM）的概念，这标志着人的控制模型的研究已经进入了第二个发展时期。

（3）模糊控制模型　20 世纪 70 年代末开始的大系统理论和智能控制理论可以认为是控制理论第三个发展阶段的开端，提出了人的模糊控制模型（fuzzy coatrol model，FCM）。

4.2.8.2　人的决策模型

在人-机-环境系统中，根据人所完成任务的不同可以建立不同类型的决策模型，图 4-8 给出了人的最佳决策模型的结构图。

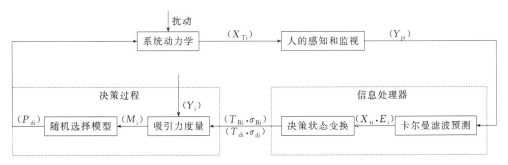

图 4-8　人的最佳决策模型的结构图

4.2.9 人的可靠性模型

4.2.9.1 人的可靠性模型

人的可靠性一般定义为在规定的时间内以及规定的条件下，人无差错地完成所规定任务的能力。人的可靠性的定量指标为人的可靠度。根据人的可靠性定义便可将人的可靠度定义为在规定的时间内以及规定的条件下，人无差错地完成所规定任务（或功能）的概率。

通常，在人-机-环境系统中，人的作业主要有两种形式：一种是连续作业；另一种是不连续作业（也称为离散作业）。对于这两种作业形式，人的可靠度计算公式（又称为可靠性模型）也不一样。

通过确定基本可靠性指标以及常用的概率分布函数，引入可靠性概率、故障率等公式，将人的可靠性定量化，从而建立人的可靠性模型。

4.2.9.2 人的可靠性研究方法

人的可靠性研究起源于20世纪50年代前期，最早的工作是由美国Sandia国家实验室（SNL）进行的。20世纪60年代后人的可靠性研究方法大致经历了两个阶段，即：第一代人的可靠性研究方法与第二代人的可靠性研究方法。

（1）第一代人的可靠性研究方法 第一代人的可靠性研究方法是在20世纪60～70年代发展起来的，其主要工作包括人的失误理论与分类研究、人的可靠性数据的收集整理（包括现场数据与模拟机数据）以及以专家判断为基础的人失误概率统计分析方法与预测技术，其中最有代表性的是人的失误预测技术（THERP），又称为人为差错率预测方法。这种方法的基本指导思想是将人的操作事先分解为一系列的由系统功能所规定的子任务，并分别对其给出专家判断的人的失误概率值。该模型的基础是人的行为理论，即以人的输出行为为着眼点，不去探究行为的内在历程，因此这种方法又称为静态的基于专家判断与统计分析相结合的可靠性研究方法。

表4-9中汇总了国际上提出的14种静态人的可靠性研究方法及其主要特点。在这14种方法中，常用的是ASEP、HCR、SHARP和THERP，其中THERP、ASEP与HCR最为常用。

表4-9 第一代人的可靠性研究方法汇总

序号	缩写	全 称	特 点	来 源
1	THERP	人的失误率预计技术	通过任务分析,建立人因事件数	Swain,Guttmann,1983
2	ASEP	事故序列评价程序	THERP的简便方法	Swain,1987
3	OAT	操作员动作树	可用于操作员的决策分析	Wreathall,1982
4	AIPA	事故引发与进展分析	用于响应时间相关联的情况	Fleming et al,1975
5	HCR	人的认知可靠性模型	一个不完全独立于时间的HEP	Hannaman et al,1984
6	SAINT	一体化任务网络系统分析法	模拟复杂的人-机相互作用关系	Kozinsky et al,1984
7	PC	成对比较法	成对比较法	Comer et al,1984
8	DNE	直接数字估计法	直接数字估计法	Comer et al,1984
9	SLIM	成功似然指数法	成功似然指数法	Embrey et al,1984
10	STAHR	社会-技术人的可靠性分析法	社会-技术人的可靠性分析法	Philips et al,1985
11	CM	混合矩阵法	混合矩阵法	Potash et al,1985
12	MAPPS	维修个人行为模拟模型	维修个人行为模拟模型	Kopsttin,Wolf,1985
13	MSFM	多序贯失效模型	多序贯失效模型	Samanta et al,1985
14	SHARP	系统化的人的行为可靠性分析程序	系统化的人的行为可靠性分析程序	Hannaman,Surgin,1984

（2）第二代人的可靠性研究方法　第二代人的可靠性研究方法是从 20 世纪 80 年代初期发展起来的，人们意识到人与机（即系统）的交互作用对事故的缓解或恶化起着至关重要的作用。而对于这种复杂的动态过程，人的可靠性研究具有非常重要的现实意义。另外，在人的可靠性研究中人们注重了结合认知心理学，并把人的认知可靠性模型作为研究重点。也就是说，着重研究人在应急情景下的动态认知过程（包括探查、诊断、决策等意向行为），探讨人的失误机理并建立模型第二代人的可靠性研究方法，更加强调人、机相互作用的整体性、人的心理过程的影响以及环境对人行为的重要影响作用，此外，还常常要考虑操作人员的班组群体效应的影响，因此更加符合人-机-环境系统工程的研究思路。

目前比较流行的第二代人可靠性模型有 GEMS 模型、CES 模型、IDA 模型、ATHEANA 模型以及 CREAM 模型等。

4.3　安全人机功能匹配与设计

4.3.1　人机功能匹配

在人机系统中，人和机器各自担负着不同的功能，在某些人机系统中还通过控制器和显示器联系起来，共同完成系统所担负的任务。为使整个人机系统高效、可靠、安全以及操纵方便，就必须了解人和机的功能特点、长处和短处，使系统中的人与机之间达到最佳配合，即达到最佳人机匹配。

4.3.1.1　人机匹配的含义

对人和机的特性进行权衡分析，将系统的不同功能恰当地分配给人或机，称为人机的功能分配。人机功能分配就是通过合理地分配功能，将人与机器的优点结合起来，取长补短，从而构成高效与安全的人机系统。

人机匹配的具体内容很多，还包括：显示器与人的信息感觉通道特性的匹配；控制器与人体运动反应特性的匹配；显示器与控制器之间的匹配；环境条件与人的生理、心理及生物力学特性的匹配等。随着电子计算机和自动化的不断发展，可设计、制造出具有特殊功能的智能机，这种机所具备的功能成为人的功能的延伸。尤其是随着生物工程与生命科学的发展，人本身也会发生较大改变，因此将形成新的人机关系，使人机匹配进入新阶段，人也将在新形式的人机系统中处于新的地位。

4.3.1.2　人机功能匹配的一般原则

人机功能匹配是一个复杂问题，要在功能分析的基础上依据人机特性进行分配，其一般原则为笨重、快速、精细、规律性、单调、高阶运算、支付大功率、操作复杂、环境条件恶劣的作业以及检测人不能识别的物理信号的作业，应分配给机器承担；而指令和程序的安排，图形的辨认或多种信息输入时，机器系统的监控、维修、设计、制造、故障处理及应付突然事件等工作，则由人承担。

4.3.1.3　人机功能匹配对人机系统的影响

过去的设计，总是把人和机器分开，当作彼此毫不相关的个体。事实上，机器给人以很大的影响，而人又操纵机器，相互之间是一个紧密联系的整体，不能把它们分割开来考虑。因此，我们首先必须掌握人体的各种特性，同时也应明了机的特性，然后才能设计出与此适应的机器。否则，人机作为一个整体（系统）就不可能安全、高效、持续而又协调地进行运转。

随着现代化的发展，操作者的工作负荷已成为一个突出的问题。在工作负荷过高的情况下，人往往出现应激反应（即生理紧张），导致重大事故的发生。

进行合理的人机功能匹配，也就是使人机结合面布置得恰当，就需要从安全人机工程学的观点出发，分析人机结合面失调导致工伤事故的原因，进而采取改进对策。

4.3.1.4 人机功能匹配不合理的表现

（1）可以由人很好地执行的功能分配给机器，而把设备能更有效地执行的功能分配给人。如在公路行驶的汽车，驾驶员应由人去执行，但要求人同时记下汽车驶过的公里数则是不恰当的，这项工作应由机器去执行。

（2）让人所承担的负荷或速度超过其能力极限。如德国某工厂曾安装了一台缝纫机，尽管其外形、色泽十分美观，但由于操作速度太快（1min可缝6000针），超出大多数人的极限，结果80名女工中只有1人能坚持到底，因此其实际效率并不高。

（3）不能根据人执行功能的特点而找出人机之间最适宜的相互联系的途径与手段。如在使用压力机的工作中，时常发生手指被压断的事故，就是因为在压力机设计中忽视了人的动作反应特点而造成的。如果思想不集中，又要赶速度，在左手扒料时，右手又同时下意识压操纵压把，就会造成事故。

4.3.1.5 人机功能匹配应注意的问题

为确保人机系统安全、高效，在进行人机功能匹配时必须注意以下几个问题。

（1）信息由机器的显示器传递到人，选择适宜的信息通道，避免信息通道过载而失误，以及显示器的设计应符合安全人机工程的原则。

（2）信息从人的运动器官传递给机器，应考虑人的能力极限和操作范围，所设计的控制器要安全、高效、灵敏、可靠。

（3）充分利用人和机的各自优势。

（4）使人机结合面的信息通道数和传递频率不超过人的能力极限，并使机适合大多数人的使用。

（5）一定要考虑到机器发生故障的可能性，以及简单排除故障的方法和使用的工具。

（6）要考虑到小概率事件的处理，有些偶发性事件如果对系统无明显影响，可以不必考虑，但有的事件一旦发生就会造成功能破坏，对这种事件就要事先安排监督和控制方法。

4.3.2 人机系统安全设计程序与方法

4.3.2.1 人机系统设计

人机系统的安全设计是在环境因素适应的条件下，重点解决系统中人的效能、安全、身心健康及人机匹配优化的问题。也就是说，要使机的设计符合人的特点，同时又考虑如何才能保证人的能力适合机的要求，即做到机宜人、人适机，使人机之间达到最佳匹配的状态。因此，在人机系统的安全设计中，必须处理好人机关系，只有这样才能确保人机系统总体性能的实现。

人机系统设计是一个很广义的概念，凡是包括人与机相结合的设计，小至一个按钮、一个开关的设计，大至一个大型复杂的生产过程、一个现代化系统（如导弹、宇宙飞船）的设计，均属于人机系统设计的范畴。它不仅包括了某个系统的具体设计，而且也包括了相关的作业以及作业辅助设计、人员培训和维修等。

从总体上讲，对人机系统设计的基本要求可概括为以下几点。

（1）能达到预定的目标，完成预定的任务。

（2）要使人与机都能够充分发挥各自的作用和协调地工作。

（3）人机系统接受的输入和输出功能都应该符合设计的能力。

（4）人机系统要考虑环境因素的影响，这些因素包括室内微气候条件（如温度、湿度、空气流速等）、厂房建筑结构、照明、噪声等。人机系统的设计不仅要处理好人与机的关系，而且还需要把机械的运动过程与相应的周围环境一起考虑。因为在人-机-环境系统中，环境始终是影响人机系统的重要因素之一。

（5）人机系统应有一个完善的反馈闭环回路。

人机系统设计的总体目标是，根据人的特性设计出最符合人操作的机器，最适合手动操作的工具，最方便使用的控制装置，最醒目的显示装置，最舒适的座椅，最合适的工作姿势和操作程序，最有效、最经济的作业方法，最适宜的工作环境等，使整个人机系统保持安全、可靠、高效、经济、效益最佳，使人-机-环境系统的三大要素形成最佳组合的优化系统。换言之，就是使人机系统的总体实现安全、高效、舒适、健康和经济几个指标的总体优化。

4.3.2.2　人机系统设计程序

依据图 4-9 所示人机系统设计的程序，人机系统设计主要包括以下几个方面。

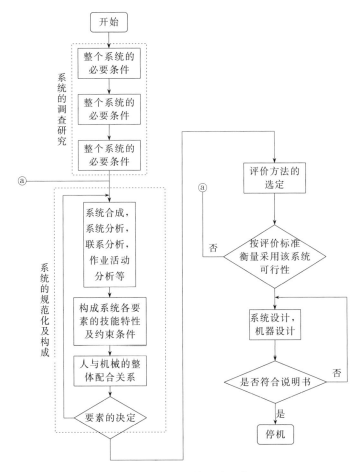

图 4-9　人机系统设计程序

（1）系统初步分析　了解整个系统的必要条件，如系统的任务、目标、系统使用的一般环境条件以及对系统的机动性要求等。

（2）外部环境条件分析　调查系统的外部环境，如构成系统执行上障碍的外部大气环境、外部环境的检验或监测装置等。

（3）内部环境条件分析　了解系统内部环境的设计要求，如采光、照明、噪声、振动、温度、湿度、粉尘、气体、辐射等作业环境以及操作空间等的要求，并从中分析构成执行上障碍的内部环境。

（4）系统分析　利用人机工程学知识对系统的组成、人机联系、作业活动方式等内容进行方案分析。

（5）约束条件分析　分析构成系统的各要素的机能特性及其约束条件，如人的最小作业空间、人的最大操作力、人的作业效率、人的可靠性和人体疲劳、能量消耗以及系统费用、输入输出功率等。

（6）人机关系设计　人与机的整体配合关系的优化，如分析人与机之间作业的合理分工、人机共同作业时关系的适应程度等配合关系。

（7）要素确定　人、机、环境各要素的确定。

（8）安全设计　进行事故分析与安全设计。

（9）方案评价　利用人机工程学标准对系统的方案进行评价，如选定合适的评价方法，对系统的可靠性、安全性、高效性、完整性以及经济性等方面做出综合评价，以确定方案是否可行。

以上为人机系统设计过程中的总体程序，其具体的设计步骤见表 4-10。

表 4-10　人机系统的设计步骤

系统开发的各阶段	各阶段的主要内容	人机系统设计中应注意的事项	人机工程专家的设计事例
明确系统的重要事项	确定目标	主要人员的要求及制约条件	对主要人员的特性、训练等有关问题的调查预测
	确定使命	系统使用上的制约条件和环境上的制约条件；组成系统中人员的数量和质量	对安全性和舒适性有关条件的检验
	明确适用条件	能够确保的主要人员的数量和质量，能够得到的训练设备	预测对精神、动机的影响
系统分析与系统规划	详细划分系统的主要事项	详细划分系统的主要事项及其性能	设想系统的性能
	分析系统的功能	对各项设想进行比较	实施系统的轮廓机器分布图
	系统构思的发展（对可能的构思进行分析评价）	系统的功能分配；与设计有关的必要条件；与人员有关的必要条件；主要人员的配备与训练方案的制定	对人际功能分配和系统功能的各种方案进行比较研究；对各种性能的作业进行分析；调查决定必要的信息显示与控制的种类
	选择最佳设想和必要的设计条件	人机系统的试验评价设想与其他专家小组进行权衡	根据功能分配，预测所需人员的数量和质量，以及训练计划和设备；提出试验评价的方法设想与其他子系统的关系和准备采取的对策

续表

系统开发的各阶段	各阶段的主要内容	人机系统设计中应注意的事项	人机工程专家的设计事例
系统设计	预备设计(大纲的设计)	设计时应考虑与人有关的因素	准备适用的人机工程数据
	设计细节	设计细则与人的作业关系	提出人机工程设计标准; 关于信息与控制必要性的研究与实现方法的选择与开发; 研究作业性能; 居住性的研究
	具体设计	在系统的最终构成阶段,协调人机系统; 操作与保养的详细分析研究(提高可靠性和维修性); 设计适应性高的机器; 人所处空间的安排	参与系统设计最终方案的确定; 最后决定人机之间的功能分配; 人在作业过程中,信息、联络、行动能够迅速、准确地进行; 对安全性的考虑; 防止热情下降的措施; 显示、控制装置的选择与设计; 控制面板的配置; 提高维修性对策; 空间设计、人员与机械的布置
	安全设计	设计师应考虑人的不安全行为和物的不安全状态	安全防护装置设计; 安全距离设计; 安全与警示标志设计; 提高安全性对策
	人员的培养计划	人员的指导训练和配备计划与其他专家小组的折中方案	决定使用说明书的内容和样式; 决定系统运行和保养所需人员的数量与质量,训练计划的开展和器材的配置
系统的试验和评价	规划阶段的评价模型,制作阶段原型,最终模型的缺陷诊断和修改的建议	人机工程学试验评价,根据试验数据的分析,修改设计	设计图阶段的评价; 模型或操纵训练用模拟装置的人机关系评价; 确定评价标准(试验法、数据种类、分析法等); 对安全性、舒适性、工作热情的影响评价; 照明、温度、噪声等环境条件对人机系统稳定性的影响评价; 机械设计的变动,使用程序的变动,人员素质的提高,训练方法的改善,对系统计划的反馈
生产	生产	人机工程学试验评价,根据试验数据的分析,修改设计	设计图阶段的评价; 模型或操纵训练用模拟装置的人机关系评价; 确定评价标准(试验法、数据种类、分析法等); 对安全性、舒适性、工作热情的影响评价; 照明、温度、噪声等环境条件对人机系统稳定性的影响评价; 机械设计的变动,使用程序的变动,人员素质的提高,训练方法的改善,对系统计划的反馈

续表

系统开发的各阶段	各阶段的主要内容	人机系统设计中应注意的事项	人机工程专家的设计事例
使用	使用、保养	人机工程学试验评价,根据试验数据的分析,修改设计	设计图阶段的评价; 模型或操纵训练用模拟装置的人机关系评价; 确定评价标准(试验法、数据种类、分析法等); 对安全性、舒适性、工作热情的影响评价; 照明、温度、噪声等环境条件对人机系统稳定性的影响评价; 机械设计的变动,使用程序的变动,人员素质的提高,训练方法的改善,对系统计划的反馈

4.3.2.3　人机系统设计方法

良好的设计方法和策略能使设计行为更加科学化和系统化,研究人机系统的设计方法对人机系统整体设计工作有着重要意义。人机系统的设计主要包括功能分配、作业分析、人机界面设计和系统设计等工作。

(1) 功能分配　在人机系统中,把已定义的系统功能按照一定的分配原则,合理地分配给人和机械,就是人机功能分配。其中,有的系统功能分配是直接、自然的,但也有些系统功能的分配需更详尽的研究和更系统的分配方法。

(2) 作业分析　作业分析是指对已分配给人的功能进行分析,从而使系统中的作业与作业之间建立协调一致的关系。使作业者清楚地了解要做什么、怎样做、什么时间完成,只有这样科学地作业管理,才能获得人的高效率、防止作业失误。

作业分析包括确定系统的作业结构、确定作业、编制作业流程图、建立作业序等工作。

(3) 人机界面设计　在人机系统中,人机界面是连接人与机械的重要通道。因此,对于人机界面设计,首要的问题是确保人与机械在信息交流过程中的准确性、可靠性及有效度。

(4) 系统安全设计　保障系统安全是安全人机工程追求的主要目标之一,因而事故分析与安全设计必然是安全人机工程研究的重要内容。系统安全分析是从安全的角度对人机系统中的危险因素进行分析,通过揭示可能导致系统故障或事故的各种因素及其相互关系来查明系统中的危险源,以便采取措施消除或控制它们。

4.4　安全人机系统的评价和性能预测

4.4.1　安全人机系统评价方法

安全人机系统评价方法主要分为按人的功能和机的功能进行分析与评价、按连接分析法进行分析与评价、按人的失误进行分析与评价、按事故发生的原因进行分析与评价四种评价方法。

4.4.1.1　按人的功能和机的功能进行分析与评价

分析人机功能分配的合理性、人机界面、工作环境、组织结构及管理机制等对人的生理、心理功能的适应性。将系统的实际情况与安全人机工程准则进行比较,并进行评价,这是一种比较实用和普遍使用的方法，既可用于系统的分析评价，也可针对单元进行分析评价。检查项目和内容主要包括人和机的功能分配、信息显示、操纵装置、作业空间、环境要素、安全管理等几个方面。

4.4.1.2　按连接分析法进行分析与评价

（1）连接及连接分析方法　连接是指人机系统中，人与机、机与机、人与人之间的相互作用关系。因此，相应的连接形式有人-机连接、机-机连接和人-人连接。人-机连接是指作业者通过感觉器官接受机械发出的信息或作业者对机械实施控制操作而产生的作用关系；机-机连接是指机械装置之间所存在的依次控制关系；人-人连接是指作业者之间通过信息联络、协调系统正常运行而产生的作用关系。连接分析法是一种对已设计好的人、机械、过程和系统进行评价的简便方法。

所谓连接分析方法（又称为链式分析法）是指综合运用感知类型（即视觉、听觉、触觉等）、使用频率、作用负荷和适应性，分析评价信息传递的一种方法。也就是说，一方面，根据视看的频率、重要程度，运用连接分析去合理配置显示装置与操作者的相对位置，以达到视距适当、视线通畅、便于观察的目的；另一方面，根据作业者对控制装置的操作频率、重要程度，通过连接分析将控制器布置在适当的区域内，以便于操作，提高操作的准确性；此外，连接分析还可以通过设备之间的连接关系使设计者合理配置设备位置，降低物流指数。可见，连接分析为合理地配置各子系统的相对位置及其信息传递方式、减少信息传递环节、使信息传递简洁而通畅、提高系统的可靠性和工作效率等都起了十分重要的作用。

（2）连接的分类　连接分析法中把人体部位和机械部位的相互关联称为连接（又称为连接链，或简称链）。按照工作时所利用的感觉特性，连接可以分为视觉连接、听觉连接、控制连接等；按照连接的性质，人机系统的连接方式主要有对应连接和逐次连接。

（3）连接分析方法的应用步骤

① 列出包括设备和操作人员在内的人机系统的主要因素，其中作业者用圆圈表示．机器设备用矩形表示，见表 4-11。

表 4-11　连接分析法评价

名称	人	机	操作链	视觉链	语言链	行走链	听觉链	备注
表示符号	○	▭	——	--------	—·—·—	—··—··—	—···—···—	
重要度值								
频次值								
链值								

注："重要度值"和"频次值"均用 4 级计分："4"表示"极重要"或"频次极高"；"3"表示"重要"或"频次高"；"2"表示"一般"；"1"表示"不重要"或"频次低"。

② 计算各联系链的链值。可根据链值来判定人机系统中各联系链之间的相对权重，从而为人机系统的合理布置提供量化的依据。例如，对于链值高的操作链，应优先布置在人的手或脚的最优作业范围；对于链值高的视觉链，应优先布置在人眼的最优视区；对于链值高的行走链，应使其行走距离最短等。

③ 根据人机系统的联系关系以及联系链链值的大小，使用上面规定的符号，画出连接关系图。

④ 根据链值的高低并运用连接分析的应用原则，对连接系统中不合理部分进行优化，

使人与机、人与人之间尽量减少作业时的交叉环节和不合理关系。链值低的机械可设置在离操作者较远的地方，而链值较高的应布置在最佳区。

操作连接（链）：机械处于人的最佳操作区，操作省力、方便，手脚负荷分配合理，动作协调。

视觉连接（链）：机械处于人的最佳视区，视距适当，视线不受阻挡，清晰度高，照明良好。

听觉连接（链）：各类报警信号清晰，人与人之间对话声音清晰可辨，可以准确传达信息。

行走连接（链）：行走路线最短，障碍物最少。

4.4.1.3 按人的失误进行分析与评价

对于显示装置和控制装置的布置和安装位置是否处于适当状态，可用海洛德方法。海洛德分析评价法（HERALD）即人的失误与可靠性分析逻辑推算法。在分析评价显示装置与控制装置的配置和安装位置是否符合人机学和安全性要求时经常使用此法。

4.4.1.4 按事故发生的原因进行分析与评价

故障树分析（FTA）技术是美国贝尔电话实验室于 1962 年开发的，它采用逻辑的方法，形象地进行危险的分析工作，特点是直观、明了，思路清晰，逻辑性强。它把系统不希望出现的事件作为故障树的顶事件，用规定的逻辑符号自上而下地分析导致顶事件发生的所有可能的直接因素，及其相互间的逻辑关系，并由此逐步深入分析，直到找出导致事故的基本原因即故障树的底事件为止。

进行故障树分析的过程也是对系统更深入认识的过程。采用此方法的最终目的不完全是为了得到顶事件的发生概率，更重要的是通过故障树分析，找出系统的薄弱环节，提高人机系统的安全性和可靠性。

基本事件的结构重要度取决于它们在故障树结构中的位置。基本事件在故障树结构中的位置不同，对顶事件的作用也不同。根据基本事件在最小割集合 MCS（或最小径集合 MPS）中出现的情况评价该基本事件的重要度。

一般来说，在由较少基本事件组成的最小割集合（或最小径集合）中出现的基本事件，其结构重要度较大；在不同最小割集合（或最小径集合）中出现次数多的基本事件，其结构重要度大。

4.4.2 安全人机系统性能预测

在人-机-环境系统中，人本身是个复杂的子系统，机（例如计算机或其他机器）也是复杂的子系统，再加上各种不同的环境影响，便构成了人-机-环境这个复杂的系统。面对着这个如此庞大的系统，众多文献都认为"安全、高效、经济"是任何一个人-机-环境系统都必须满足的综合效能准则。

（1）安全性能的评价　在人-机-环境系统中，安全性能评价的基本方法有两种：一种是事件树分析法（event tree analysis，ETA），又称为决策树分析法（DTA，decision tree analysis）；另一种是故障树分析法（fault tree analysis，FTA），又称为事故树分析法。

（2）高效性能的评价　所谓"高效"就是要使系统的工作效率最高。这里所指的工作效率最高有两个含义：一是指系统的工作效果最佳；二是指人的工作负荷要适宜。因此，系统的高效性能（也即系统的工作效率）定义为系统工作效果和人的工作负荷的函数，即：

$$系统高效性能 = f(系统工作效果, 人的工作负荷) \tag{4-4}$$

（3）经济性能的评价　一般来说，系统的经济性能包括四个方面：一是研制费用；二是维护费用；三是训练费用；四是使用费用。对经济性能的评价通常采用三种方法：一是参数分析法；二是类推法；三是工程估算法。在国外（如 NASA 等机构），广泛采用 RCA、PRICE 模型进行费用的估算。

（4）总体性能的综合评价指标　上面分别介绍了"安全""高效""经济"三个指标的评价。为了将这三个指标综合为一个指标，可以定义一个综合评价指标 Q，其表达式为：

$$Q = \alpha_1 \times 安全 + \alpha_2 \times 高效 + \alpha_3 \times 经济 \tag{4-5}$$

式中，α_1、α_2、α_3 分别为针对各指标的加权系数。并且有：

$$\alpha_1 + \alpha_2 + \alpha_3 = 1 \tag{4-6}$$

α_1、α_2、α_3 的取值视情况而定。显然，这些值的合理确定是一个需要研究的课题。

第 5 章
安全心理学与安全生产

安全心理学是一门以探讨人在安全生产过程中的行为和心理活动规律为目标的科学，正确地应用安全心理学，发挥其在安全生产中的作用，有效地推动社会的安全与进步。对人来讲，安全心理学通过描述和解释各种与安全有关的心理现象和心理活动历程，加深人们对自身在安全生产中的了解。对于社会来说，安全心理学在社会的生产、生活等方面都发挥着重要的作用。将安全心理学的原理、规律和方法应用到预防工伤事故、进行安全教育以及分析处理事故等方面，将对安全生产起到促进的作用。

5.1 安全心理学概述

人类的活动过程总是在各种各样、复杂的人-机-环境系统中进行，在这样一个系统中，人是主要因素，起着主导作用，但同时也是最难控制和最薄弱的环节。据有关资料统计，劳动过程中有 58%～86% 的事故与人的因素有关。还有统计资料表明，20 世纪 60 年代发生的事故，人的因素占 20%；而 90 年代，人的因素涨到 80%～90%，这其中最重要的就是人的生理和心理因素。

安全心理学是在心理学和安全科学的基础上，综合多种相关学科的成果而形成的一门独立学科。它是一门应用心理学，也是一门新兴的边缘学科。它研究劳动生产过程中人的心理特点，探讨心理过程、个体心理特征与安全的关系，人-机-环境系统对劳动者的心理影响，心理-行为模式在安全工作中的作用，提出安全管理的对策和预防事故的特征。

5.1.1 安全心理学与人的心理现象

人的心理现象是宇宙间最复杂的现象之一。人类自古就对自身及周围发生的一切有着浓厚的兴趣，每个人都想更多地了解自己。人类在漫长的发展历史中，经历了无数次的事故，留下了惨痛的教训。这些事故为什么发生？它们与人自身有无关系？能否从人的因素角度来预测、预防和控制事故的发生？于是以解释、预测和调控人的行为为目的，通过研究、分析人的行为，揭示人的心理活动规律，最终达到减少或消除事故的科学诞生了，这就是安全心理学。安全心理学是应用心理学的原理和安全科学的理论，讨论人在劳动生产过程中各种与安全相关的心理现象，研究人对安全的认识，人的情感以及与事故、职业病作斗争的意志。

也就是研究人在对待和克服生产过程中不安全因素时的心理过程，旨在调动人对安全生产的积极性，发挥其防止事故的能力。

心理学成为一门独立科学以后，其研究内容和重点几经演变，直到 20 世纪中期以后才相对地统一为如下定义：心理学是研究人的行为和心理活动规律的科学。心理学的研究目的在于探索人的心理活动规律，使人们对人的心理和行为都能做出科学的解释。

心理活动是内隐的，而行为是外显的。外显的行为受内隐的心理活动所支配，反过来，心理活动也只有通过行为才能得到发展与表现。要掌握人的心理规律，必须从研究人的行为入手；而要了解、预测、调节和控制人的行为则更需要探讨人们复杂的心理活动规律。此外，也要看到，心理活动不是虚无缥缈的，由于它在头脑中产生，必然受到生物学规律的支配。同时，人是物种发展中最高等的社会性生物，一切活动都无法摆脱社会、文化方面的影响，这就使得心理学兼有了自然科学和社会科学双重性质。

人的心理现象是心理学研究的主要对象，它包括了既有区别而又紧密联系的心理过程和个性心理这两个方面，见图 5-1。

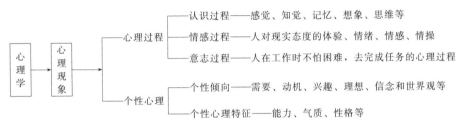

图 5-1　人的心理现象

心理过程是人的心理活动的基本形式，是人脑对客观现实的反映过程。最基本的心理过程是认识过程，它是人脑对客观事物的属性及其规律的反映，即人脑的信息加工活动过程。这一过程包括感觉、知觉、记忆、想象和思维等。人在认识客观事物时，绝对不会无动于衷，总会对它采取一定的态度，并产生某种主观体验，这种认识客观事物时所产生的态度及体验，称为情绪和情感。情绪和情感在心理学中略有区别，前者与生理的需要满足有关，后者与社会性的需要满足有关。根据对客观事物的认识，自觉地确定目标，克服困难并力求加以实现的心理过程，称为意志。认识、情感、意志这三种心理过程，虽有区别，但互相联系、互相促进，是统一的心理过程的三个方面。

心理过程是人们共有的心理活动。但是，由于每一个人的先天素质和后天环境不同，心理过程在产生时又总是带有个人的特征，从而形成了各人的个性。个性心理包括个性倾向性和个性心理特征两个方面。个性倾向性是指一个人所具有的意识倾向，也就是人对客观事物的稳定态度。它是人从事活动的基本动力，决定着人的行为方向。其中主要包括需要、动机、兴趣、理想、信念和世界观等。个性心理特征是一个人身上表现出来的本质、稳定的心理特点。在行为表现方面，有的人活泼好动，有的人沉默寡言，有的人热情友善，这些是气质和性格方面的差异。能力、气质和性格统称为个性心理特征。

个性心理特征和个性倾向都要通过心理活动才能逐渐形成。个性心理一旦形成后又作为主观内因制约心理活动，并在心理活动中表现出来。因而每个人的各种心理活动必然带有个人本身的特点。人的心理活动与个性心理二者有密切的关系，共同构成了人的心理现象。在劳动和生活中，人的行为无一不受心理现象的支配，客观事物的改变无一不与人的心理现象有关。所以，一切有关人类的科学都与心理学有着有机的联系，安全科学更是如此。

5.1.2 安全心理学的产生与发展

安全心理学的产生和发展经历了漫长的理论准备和实践应用的演化过程，这个过程可用图 5-2 来表示。

由图 5-2 可见，安全心理学的产生和发展与工业心理学是不可分割的，讨论安全心理学的产生和发展，不能不涉及工业心理学的产生和发展，工业心理学的产生和发展主要经历了下述几个阶段。

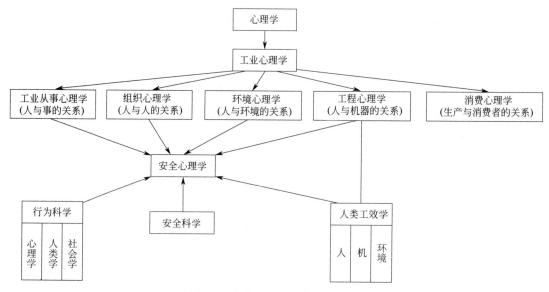

图 5-2　安全心理学的产生与发展

（1）20 世纪初泰罗的贡献　为提高劳动生产率，美国工程师泰罗（Frederick Winslow Taylow）根据自身的实践体验，提出了科学管理的基本思想，要求人们按正确的方法工作，不断学习一些新的东西，以改变他们的工作。作为补偿，人们可以从高效率工作所带来的更多的物质利益和成就感而获得满足。

泰罗所从事的企业管理研究的主题是十分鲜明的：一方面，科学研究作业方法，即对作业现场进行观察，对收集到的数据进行客观的分析，进而确定"一个最优的作业方法"，从而为企业管理提供有效的手段；另一方面，在工人和管理层之间掀起了一场心理革命，以改善双方的关系。他的工作为心理学在工业上的应用奠定了基础。

（2）冯特及闵斯特伯格的工作　德国生理心理学家冯特（Wilhelm Wundt）1879 年在莱比锡大学建立了世界上第一个心理实验室，用自然科学的方法研究心理现象，使心理学开始从哲学中脱离出来，成为一门独立的科学。这一行动标志着科学心理学的诞生，冯特为此被誉为心理学的始祖。

冯特的实验室里研究得最多的是感觉和意象。他认为感觉是心理的最基本元素，把心理分解成这样的一些基本元素，再逐一找出它们之间的关系和规律，就可以达到理解心理实质的目的。

冯特的学生闵斯特伯格（H. Munsterberg）感到对心理学的研究不能像在象牙塔里，而应该应用到实践中去，他最先把心理学的原理应用到工业领域中，因此他被誉为工业心理学之父。

（3）霍桑试验　霍桑是一个美国的工厂名，霍桑的研究（Hawthone Study）自 1924 年起持续了 15 年之久，研究发现，影响员工士气的不是物质条件，而是心理因素。这项研究使得心理学走入了工业和组织管理学领域。

（4）第二次世界大战期间的发展　由于战争期间需要征集大量兵员，导致了人员选拔和培训措施发展；复杂的武器系统，需要更好地研究机器如何与操作者相配合，即需进一步研究人-机关系，从而为工程心理学（亦即人机工程学、人类功效学）的诞生奠定下基础。

（5）第二次世界大战后的发展　自 20 世纪 50 年代开始，工业群体理论代替了工业个体理论，1958 年开始使用管理心理学（managerial psychology）这个名称代替原来沿用的工业心理学名称，20 世纪 70 年代组织心理学（organizational psychology）这个名称又取代了管理心理学名称，标志着工业心理学又迈向了新的领域。

随着现代科学技术的高速发展和工业生产规模的日益大型化，由此而带来的安全问题越来越引起人们的重视和普遍关注。因此，安全心理学在 20 世纪 80 年代得到迅速发展，成为安全科学的一门新学科，日益受到人们的重视，有人将它和人机工程学、安全系统工程学并列，誉为现代安全科学的三大理论支柱之一，也是工业心理学的一个重要独立分支。

5.1.3　安全心理学的研究任务、对象和研究方法

5.1.3.1　安全心理学的研究任务

安全心理学是用心理学的原理、规律和方法解决劳动生产过程中与人的心理活动有关的安全问题，其任务是：减少生产中的伤亡事故；从心理学的角度研究事故的原因，研究人在劳动过程中心理活动的规律和心理状态，探讨人的行为特征、心理过程、个性心理和安全的关系；发现和分析不安全因素，事故隐患与人的心理活动的关联以及导致不安全行为的各种主观和客观的因素；从心理学的角度提出有效的安全教育措施、组织措施和技术措施，预防事故的发生，以保证人员的安全和生产顺利进行。

5.1.3.2　安全心理学的研究对象

安全心理学要研究安全问题，而影响安全的因素很多，既有人本身的问题，也有技术、社会、环境的因素。安全心理学并不企图研究所有影响人的安全的因素，而只是从心理学的特定角度研究人的安全问题。安全心理学也要涉及其他因素，但着眼点是讨论分析其他各因素如何影响人的心理，进而影响人的安全。其基本模式可用图 5-3 表示。

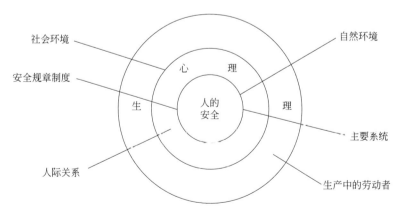

图 5-3　安全心理学研究对象模式

安全心理学的研究对象具体的有如下几个方面。

（1）研究生产设备、设施、工具、附件如何适合人的生理、心理特点　如研究机器设备的显示器、控制器、安全装置如何适合人的生理、心理特点及其要求，以便于操作，减轻体

力负荷，保持良好姿势，从而达到安全、舒适、高效的目的。

（2）研究工作设计和环境设计如何适合人的心理特点　如研究改进劳动组织，合理分工协作，合理的工作制度（包括适宜的轮班工作制），丰富工作内容，减少单调乏味的劳动，制定最合适的工时定额，合适的工作空间，合适的工作场所的布置和色彩配置，播送背景音乐，建立良好的群体心理气氛等。

（3）研究人如何适应机器设备和工作的要求　包括通过人员选拔和训练，使操作人员能与机器的要求相适应；研究人的作业能力及其限度，避免对人提出能力所不及的要求。根据现代心理学的学习理论，加速新工人的职业培训和提高工人的技术水平及对训练的绩效进行评价等。

（4）研究人在劳动过程中如何相互适应　如研究与安全生产有关的人的动机、需要、激励、士气、参与、意见沟通、正式群体与非正式群体、领导心理与行为、建立高效的生产群体等。

（5）研究如何用心理学的原理和方法分析事故的原因和规律　如研究人的行为，与行为有关的事故模式，人在劳动过程中的心理状态，与事故有关的各种主观和客观的因素（如人机界面、工作环境、社会环境、管理水平、个人因素），特别是个人因素（如智力、健康和身体条件、疲劳、工作经验、年龄、个人性格特征、情绪）以及事故的规律等。

（6）研究如何实施有效的安全教育　如根据心理学的规律研究切实可行、不流于形式的安全教育方法，引人注目的能起到宣传效果的安全标语和宣传画，培养工人的安全习惯等。

总之，在研究这些问题时，首先要研究人的心理过程的特点以及这些特点对劳动者个人的作用，其次还必须考虑个性心理以及某些个人生活因素。

5.1.3.3　安全心理学的研究方法

安全心理学是应用心理科学的一个分支，因此心理学研究中的一般通用方法都可以应用于安全心理学的研究。但由于生产事故的原因是相当复杂的，所以安全心理学的研究方法，除了遵循心理学的一般研究方法外，尚有其本身特点。

（1）调查研究　包括"看""听""读"三种手段，即观察法、访谈法、问卷法。

（2）心理测量　即采用标准化的心理测验或精密的测量仪器，测量受试者的个性心理和心理过程的差异，如能力倾向测验、人格测验、智力测验、感知-运动协调能力测验等。

（3）试验法　是在控制条件下观察对象的变化，获取事实资料的方法。

（4）模拟仿真　模拟是以物质形式或观念形式对实际物体、过程和情境的仿真，通常分为物理模拟和数学模拟。

5.2　心理过程与安全

人的心理过程是由认识过程、情感过程和意志过程组成的。在安全生产中研究人的心理过程是因为生产活动的实践为人的心理过程提供了动力源泉，为人的心理活动的发展创造了必要的条件。首先，人在生产活动中，从认识其各种表面现象，发展到认识其内在规律性，从而伴随着一定的情感体验，表现出某种克服困难的意志行动。人的这些心理过程的形成和发展是离不开生产实践的；其次，人在生产的实践中，又通过心理活动，反作用于所进行的生产活动，体现人的主观能动性，力求企业高效、安全地进行生产；再次，人们在安全生产活动中的心理过程往往受到社会历史条件的制约，在不同的社会历史发展阶段，以及企业自身的条件不同，人们对安全生产认识的广度和深度也有所不同，从而制约着人们对安全生产的心理过程的发展。这些均说明人的心理过程与企业安全生产活动密切相关，这就是研究人在企业安全生产活动中的心理过程的现实意义。

5.2.1　认知心理与安全

认识过程是指人在反映客观事物过程中所表现的一系列心理活动，包括感觉、知觉、思维、记忆等。最简单的认识活动是感觉（如视觉、听觉、嗅觉、触觉等），它是通过人的感觉器官对客观事物的个别属性反应，如光亮、颜色、气味、硬度等。在感觉的基础上，人对客观事物的各种属性、各个部分及其相互关系的整体反应称为知觉。但是，感觉和知觉（统称为感知觉）仅能使人们认识客观事物的表面现象和外部联系，人们还需要利用感知觉所获得的信息进行分析、综合等加工过程，以求认识客观事物的本质和内在规律，这就是思维。例如，人们为了安全生产、预防事故的发生，首先要对劳动生产过程中的危险予以感知，也就是要察觉危险的存在，在此基础上，通过人的大脑进行信息处理，识别危险，并判断其可能的后果，才能对危险的预兆做出反应。因此，企业预防事故的水平首先取决于人们对危险的认识水平，人对危险的认识越深刻，发生事故的可能性就越小。

但是在作业环境中，往往由于某些职业性危害的影响，可使人的感知觉机能下降，增加了发生失误的可能性。

有效地利用人的感知觉特性，与安全人机工程设计密切相关。在现代化生产的人机系统中，显示控制系统越来越复杂，如何适应人的感知觉的基本特点和要求，已受到普遍的重视。

5.2.2　情绪和情感心理与安全

情感过程是人的心理过程的重要组成部分，也是人对客观事物的一种反映形式，它是通过态度体验来反映客观事物与人的需要之间的关系。人们在安全生产活动中总会产生不同的情绪反应，如喜、怒、哀、乐等。

人的认识活动总是与人的愿望、态度相结合，人对外界事物的情感或情绪正是在对这些外界刺激（人、事、物）评估或认知的过程中产生的。现代试验心理学的研究结果表明，制约情绪或情感的因素与生理状态、环境条件、认识过程有关，而其中认识过程起决定性的作用。人对客观事物的态度取决于人当时的需要、人的需要及其满足的程度，决定了情感或情绪能否产生及其性质。

人的情绪和情感在概念上虽有所区别，但总是紧密地联系在一起。情感是在情绪的基础上形成和发展的，而情绪则是情感的外在表现形式。情绪常由当时的情境所引起，且具有较多的冲动性，一旦时过境迁也就很快消失。而情感虽具有一定的情境性，但很少有冲动性，且较稳定、持久。一般来说，情绪和情感的差别只是相对的，在现实生活中很难对两者有严格的区别。

如上所述，人在安全生产活动中，一帆风顺时可产生一种愉快的情绪反应，遇到挫折时可能产生一种沮丧的情绪反应。这说明企业职工在安全生产中的情绪反应不是自发的，而是由对个人需要满足的认知水平所决定的。这种反应表现有两面性，如喜怒哀乐、积极和消极的情绪、紧张和轻松的情绪。

人的情绪反应既依赖于认知，又能反过来作用于认知，这种反作用的影响，既可以是积极的，也可能是消极的。在企业安全生产活动中，积极或消极的情绪对人们的安全态度和安全行为有着明显的影响。这是由于情绪具有动机作用所致。积极的情绪可以加深人们对安全生产重要性的认识，具有"增力作用"，能促发人的安全动机，采取积极的态度，投入到企业的安全生产活动中去。而消极的情绪会使人带着厌恶的情感体验去看待企业的安全生产活动，具有"减力作用"，采取消极的态度，从而易于导致不安全行为。

根据人的情感及其外在的情绪反应的特性和作用，企业安全管理人员应因人而异，采取措施，尽力满足职工的合理需要，以调动职工的积极情绪，避免和防止消极情绪。在职工已出现消极情绪时，应加强正面教育，"晓之以理，动之以情"，这不仅要求企业安全管理人员有针对性地讲明安全生产的重要性，启发诱导，以提高职工对安全生产活动的认知水平，而且还应以丰富的感情关心职工，触动职工的情感体验，使消极情绪转化为积极情绪，从而调动职工在安全生产活动中的积极性。

5.2.3 意志与安全

意志过程是指人自觉地根据既定的目的来支配和调节自己的行为，克服困难，进而实现目的的心理过程。

在企业安全生产活动中，意志对职工的行为起着重要的调节作用。其一，推进人们为达到既定的安全生产目标而行动；其二，阻止和改变人们与企业目标相矛盾的行动。企业在确定了安全生产目标之后，就应凭借人的意志力量，克服一切困难，努力争取完成目标任务。

人的意志行动是后天获得的复杂的自觉行动，人的意志的调节作用总是在复杂困难的情况下才充分表现出来。因此，企业各级领导和职工在安全生产的活动中，应注重培养和锻炼自身良好的意志品质。良好的意志品质主要表现在自觉性、果断性、坚持性和自制力四个方面。

意志品质的各个方面并非孤立存在，而是有一定的内在联系。为了加强安全生产活动中意志品质的培养，应从各个方面提高职工的思想素质、文化素质、技术素质。这些都是做好安全工作的基础性工作。

人对安全生产的认识过程经历着感性认识到理性认识过程，并且循环不已，不断深化。而人的认识过程、情感过程和意志过程又相互关联、相互制约。首先，因为人的情感、意志总是在认识的基础上发展起来的。例如，生产作业环境的整洁优美使人的心情舒畅。人的情绪首先是与感知觉相联系的，而且人在安全生产活动中的情绪体验的程度和意志又与其对安全生产的认识水平的高低密切相关。因此，人的情感和意志可作为人们认识水平的标志，并在认识过程中可起到某种"过滤作用"。再者，人的意志又是与情感紧密相连的，在意志行动中，无论是克服障碍或是目标实现与否，都会引起人的情绪反应，而且在人的意志的支配下，人的情感又可以其动力作用，促使人们去克服困难以实现既定的目标，从某种意义来讲，情感能加强意志，意志又可控制情感。

在企业安全生产活动中，人的心理过程往往给人们打下深刻的烙印，由于企业职工的个体因素的差异，生活条件不同，文化程度不同，既往经历和肩负的责任不同，人们在安全生产活动中的心理过程也有着明显的差异。

5.2.4 注意与安全

注意是心理活动对一定事物的指向和集中。注意具有选择、维持、调节和监督的功能。按照有无预定的目的以及是否需要意志努力，注意可以分为有意注意和无意注意。无意注意的产生同客观刺激物本身的新异性、刺激物的强度、刺激物之间的对比关系、刺激物的变化等有关，同时与个人的主观状态相联系。

注意的范围也称为注意的广度，指一瞬间人能清晰把握的对象的数量。影响注意范围的主要因素有两个方面：一是知觉对象的特点；二是活动任务与个体的知识经验。

5.2.4.1　注意的集中

注意的集中程度受到环境因素及个人状态的影响，主要表现为以下三种情况。

（1）注意的稳定是把注意力长时间地保持在所从事的活动或感知的对象上。

（2）注意的起伏是人们在感知某一对象时，注意力很难长时间保持恒定不变，会有周期性的加强或减弱的现象。

（3）注意的分散是注意力离开当前的活动任务而被无关刺激所吸引的现象。

5.2.4.2　注意的分配

在同时进行两种或两种以上的活动时，把注意力指向不同的对象，称为注意的分配。恰当地分配注意力有利于提高工作效率，需满足以下条件。

（1）须有一种活动达到熟练和自动化的程度。

（2）同时进行的几种活动须有一定的联系。

不恰当的分配注意力则存在一定的安全隐患。例如，人们开车时接听电话导致发生交通事故的概率增大。

5.2.4.3　引起不注意的原因

劳动生产中，不注意的发生会带来安全隐患，进而诱发安全事故。引起不注意的原因主要有以下几个。

（1）强烈的无关刺激的干扰。

（2）注意对象设计欠佳。

（3）注意的起伏。

（4）意识水平下降导致注意分散等。

5.2.4.4　预防不注意产生差错

预防不注意产生差错的措施有以下几个。

（1）建立冗余系统，为确保操作安全，在重要的岗位上，多设 1～2 个人平行监视仪表的工作。

（2）为防止下意识状态的失误，在重要操作之前，对操作内容确认再动作。

（3）改进仪器、仪表的设计，使其对人产生非单调刺激或悦耳、多样的信号，避免误解。

5.2.5　个性心理与安全

一个人身上经常、稳定地表现出来的单个人的整体精神面貌就是个性心理特征，表明了一个人稳定的类型特征，它主要包括性格、气质和能力。在劳动生产过程中可以看到，对待劳动和安全的态度，不同的人表现出不同的个性心理特征，这与安全的关系很大，尤其是一些不良的个性心理特征，常是酿成事故与伤害的直接原因。如能通过各种途径培养职工良好的个性心理特征，对企业的安全工作将是极大的促进。

5.2.5.1　性格与安全

性格是人的个性心理特征的重要方面，人的个性差异首先表现在性格上。性格是人对现实的稳定的态度和习惯化了的行为方式，它贯穿于一个人的全部活动中，是构成个性的核心。

人在社会实践活动中，通过与自然环境和社会环境的相互作用，客观事物的影响将会在个体的经验中保存和固定下来，形成个体对待事物和认识事物独有的风格。尽管人的性格是很复杂的，但一旦形成后，便会以比较定型的态度和行为方式去对待和认识周围的事物。

人的性格与安全生产有着极为密切的关系，不良的性格特征常常是造成事故的隐患，具有如下性格特征的人容易发生事故。

（1）攻击型性格。

（2）性情孤僻、固执、心胸狭窄、对人冷漠。

（3）性情不稳定者。

（4）主导心境抑郁、浮躁不安者。

（5）马虎、敷衍、粗心。

（6）在紧急或困难条件下表现出惊慌失措、优柔寡断或轻率决定、胆怯或鲁莽者。

（7）感知、思维、运动迟钝、不爱活动、懒惰者。

（8）懦弱、胆怯、没有主见者。

良好的性格并不完全是天生的，教育和社会实践对性格的形成具有更重要的意义。通过各种途径注意培养职工认真负责、重视安全的性格，对安全生产将带来巨大的好处。

5.2.5.2　气质与安全

气质就是日常所说的性情、脾气，它是一个人生来就具有的心理活动的动力特征。所说的心理活动的动力是指心理活动的程度、心理过程的速度和稳定性以及心理活动的指向性等。气质是人的高级神经活动类型特征在其活动中的表现，它使人的心理活动及外部表现都染上个人独特的色彩。

为了进行安全生产，在安全管理工作中针对职工不同气质类型特征进行工作是非常必要的。首先，依据各人的不同气质特征，加以区别要求与管理。其次，在各种生产劳动组织管理工作中要根据工作特点妥当地选拔和安排职工的工作。尤其是那些带有不安全因素的工种更应如此，除应注意人的能力特点以外，还应考虑人的气质类型特征。再者，在日常的安全管理工作中，针对人的不同气质类型进行工作也是十分必要的。

5.2.5.3　能力与安全

心理学上把顺利完成某种活动所必须具备的心理特征称为能力。能力反映着人活动的水平。能力总是和人的活动密切相关，只有从活动中，才能看出人所具有的各种能力。能力是保证活动成功的基本条件，但不是唯一的条件，活动过程往往还与人的其他个性特点以及知识、环境、物质条件等有关。在其他条件相同的情况下，能力强的人当然比能力弱的人更易取得成功。

任何工作的顺利开展都要求人具有一定的能力。人在能力上的差异不但影响着工作效率，而且也是能否搞好安全生产的重要制约因素。因此，在安全管理工作中，应根据职工能力的大小、表现得早晚合理地分配工作，用其长，补其短，充分发挥职工的职能。在安全生产管理中应考虑下列几点。

（1）了解不同工种应具备的能力。通过一些事故分析（包括过去、现在及将来可能发生的事故，以及同行业曾经发生过的事故），掌握工作的性质和了解从事该工作职工必须具备的能力及技术要求，作为选择职工、分配职工工作及培训职工能力的一种依据。

（2）进行能力测评。选择职工或考核职工时，不应把文化知识和技能作为唯一的指标，在可能的情况下，还应根据工种或工作岗位的要求，采用相应的方式进行能力测评。

（3）工作安排必须与人的能力相适应。在安排、分配职工工作时，要尽量根据能力发展水平、类型安排适当工作。

（4）提高职工的能力。环境、教育和实践活动对能力的形成和发展起着决定性的作用。人的能力可以通过培训而提高，尤其是安全生产知识以及在紧急状态下的应变知识，都可以通过培训让职工掌握，从而增强职工的安全意识和应对偶然事件的能力。

5.3　作业行为的神经与心理机制

5.3.1　生产作业中的主要生理心理活动

工人在操作活动中不断接受关于机器工作状况、周围环境和加工物件等各种变化信息，根据这些信息，劳动者调节自己的活动以保持有效的劳动。外界的各种信息是通过人体的各种感觉通道传到大脑的。虽然完整的机体具备各种感觉系统，但每种感受器都有一定的限度（绝对阈限、差别阈限等），而且各种感觉通道均有各自的特点（例如它只能接受特定形式的信息）。在操作过程中，外界的许多不利条件和劳动者的个体不良状态都可以影响工作能力的稳定性和工作效率，如果当外界不利条件和操作者的不稳定状态超过一定限度时，就会造成感觉系统机能障碍，甚至导致事故发生。

操作活动中的心理活动是多方面的，它是人们通过感觉、知觉、思维和注意等一系列心理活动的集中性、指向性和组织性来能动地认识事物的过程，也是人们受某种自我的激励，积极地指引劳动活动按一定规范进行的过程。

劳动中的主要生理活动是骨骼肌肉运动。在这种运动中，骨骼起着杠杆的作用，关节是骨骼的交点，肌肉附着在骨骼之上是力的作用点。当肌肉收缩时，骨骼就以关节为中心，产生位移作用。一般而言，每一种动作都是依靠多数关节的配合，动员多数骨骼肌肉的参与才能完成。在机器和工具的设计符合关节和肌肉的活动特点时，就可以产生最自然、不易疲劳且效率又高的运动。

中枢神经系统中最高的中枢是大脑皮质。大脑皮质是集中身体各部位传递的信息，加以认识、记忆、判断并发出指示的地方。各部位有其特殊的功能，彼此之间又是互相关联的。

肌肉的活动要靠神经系统的兴奋和抑制过程来控制。以人的手臂为例，手臂之所以能够弯曲和伸直，是由于屈肌和伸肌交替松弛的结果。而肌肉的收缩和松弛取决于大脑皮层相应区域的兴奋和抑制过程。兴奋和抑制过程的相互作用，使人有可能做出精细协调的活动，定位动作和协调动作是相互作用的结果。但当人疲劳时，兴奋和抑制的相互关系遭到了破坏，动作的精确性和协调性也变得不稳定，生产中就容易出事故，或出现其他差错。除大脑皮层这个人活动的最高调节者外，皮层下中枢对人的操作活动也起着重要作用。

大脑皮层兴奋过程和抑制过程的交替不仅是动作协调性和精确性的必要条件，同时也是使大脑皮层细胞得以轮流休息、减少疲劳的产生与积累的一种保护机能。因此，为了减少疲劳，劳动者的操作活动应当有张有弛，并应在允许的范围内经常变换身体姿势。

人在生产劳动中，生理活动和心理活动是相互联系、相互影响的统一体。而生产劳动中的操作行为是一个开放的，即与外界因素相互联系、相互影响的生理心理系统。这里，生理心理系统是指人体自身是由生理系统和心理系统这两个子系统所构成的完整系统。心理系统包括操作者的工作态度、动机水平、情绪状态、感觉和思维能力、知识水平与经验基础、意志品质、个性特征的类型等一系列心理因素。生理系统包括操作者的年龄、性别、体力条件、神经系统特点、循环系统、呼吸系统及内分泌系统的活动等一系列生理活动的因素。对一个劳动者而言，这两个子系统是相互联系、相互影响的。如果劳动者生理状态不佳，比如生病、过度疲劳、睡眠不足等，就会影响其心理状态，如兴趣降低、意志减退、注意力不易集中等。反之，如果心理状态不佳时，则易造成生理系统的紊乱和失调。因此，生理心理系统的整体状态如何将影响人操作活动的效率和作业的可靠性。

劳动者在操作活动时，个体内在的心理系统和生理系统是在一定的背景条件下发生相互联系、相互影响的。因此，个体的操作活动过程本身并不是一个内部闭合的系统，而是一个受外部环境的影响，与外部环境发生相互作用的开放式系统。这里的外部环境包括自然物理环境与社会组织环境两大部分，其中，前者是指操作活动中的各种客观条件，如工作空间的大小、机器设备的布局、机器设计和操作工具的合理性、噪声强度、照明与色彩、有害气体或粉尘、温度和湿度等。后者是指劳动者在劳动群体中所处的社会地位、上级管理人员的领导作风、管理制度、奖励制度、人际关系等。所有这些外部环境因素都可以影响劳动者的生理心理系统的状态，从而最终对操作行为和作业可靠性产生影响。

5.3.2 人在作业活动中的信息加工处理过程

在人-机系统的特定操作过程中，人的信息加工模型如图 5-4 所示，该模型中的每个框代表信息加工的一种机能，简称机能模块，带箭头的线则表示信息的流动方向。

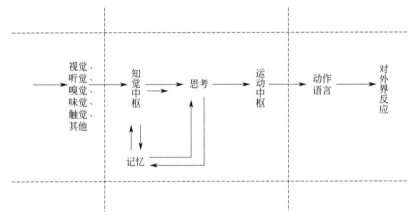

图 5-4 人的信息加工模型

在外界刺激（信息输入）-行为反应进程中，原初信息经历一定的转换，从感觉刺激变成一个被识别的对象，然后经过信息处理过程，最后转化为执行的动作。其中的中间环节即信息处理过程对情况的正确反应具有核心意义。

在人-机系统中，人的信息的输出，通常表现为效应器官（例如手、足）的操作运动。因此，效应器官运动的速度或反应时间及准确度直接关系到人-机系统的可靠性和人的操作安全。

反应时间即从机体接受刺激到做出回答反应所需要的时间。具体地说，是从刺激呈现到人做出反应之间的时间间隔，即为从感官接收信息到发生反应的各信息加工阶段所耗费的时间的总和。不同感觉通道的反应时间不同，见表 5-1。可以看出，听觉刺激比视觉刺激的反应时间要短，因此，警报信号多选用声音信号。

表 5-1 各种感觉通道的反应时间

感觉通道	反应时间/ms	感觉通道	反应时间/ms
触觉	117～182	听觉	120～182
视觉	150～225	冷觉	150～230
温觉	180～240	嗅觉	210～390
痛觉	400～1000	味觉	308～1082

此外，反应时间因人而异，有的人反应快些，有的人则反应慢些，并且与年龄、性别都

有一定的关系。

5.3.3 条件反射和行为的强化

俄国的生理学家巴甫洛夫认为，反射有两种：无条件反射和条件反射。无条件反射是与生俱来的反射，又称为人的本能。对人类来说，主要的反射形式是条件反射。条件反射是有机体在生活中学会的，建立在无条件反射的基础之上，是条件刺激与无条件刺激多次结合产生的。

在讨论经典条件反射时，我们所说的强化指的是无条件刺激和条件刺激两者成对地呈现。在操作性条件作用中，强化指的是试验对象做出了我们所期望的某种反应以后，就给予食物或水（食物或水又称为强化物）等。这两种强化含义虽有差别，但其结果都是增加了所期望的反应出现的可能性。因此，可以把强化定义为：增加一种反应出现的概率的事件。

"奖赏"这个术语有时可看成与"强化"是同义词，它们的效果一般都能增加所希望事件的概率。而"惩罚"正与其相反，它能减少一种反应出现的概率。因此，有时称此为"负强化"。人们常用惩罚来制止所不希望的行为。

奖惩对安全生产有相当大的作用，它能促进劳动者提高安全操作的动机，阻止其违反安全规程的行为。但如上所述，奖励与惩罚相比，奖励的积极性更大。在生产中，要使安全操作行为得到巩固，或使安全规程能够贯彻到每个工人的实际劳动过程之中，就必须有个长期不断强化的过程。强化的手段总的来讲是奖励和惩罚，即奖励安全行为，惩罚不安全行为。两者结合，能产生较好的促进安全生产的效果。

在安全生产的具体实践中，还要防止不安全行为的"自然"强化现象。例如，在工业生产中，违章作业有时比遵章作业显得便捷、省力。所以，违章作业行为有着一种非外在的自我强化因素（当然有些违章行为是通过降低工程质量标准、节省材料而获得某些经济利益，则属外在的强化因素），这种强化因素往往是很多屡次违章者的主要行为动机。

不安全行为的自我强化现象，对安全生产是一个不利因素。这种现象往往是使克服违章行为的工作产生困难的重要原因之一。我们应该运用强化的有关原理，通过加强安全监察工作，采取奖赏安全行为、惩罚不安全行为等办法，从而破坏其强化机制，使违章行为得以消除。

5.3.4 不安全操作行为的一般表现与心理分析

相对于技术因素，人的心理状态对安全隐患的影响更重要。激动的情绪，无论是正面的还是负面的，都不利于安全。因此，无论哪种个性特征的人，都应正确认识自己的性格特点，做到稳定情绪。在心情激动的时候，要做到合理地调节和控制自己的情绪。

5.3.4.1 违章的特点

不安全操作行为一般又称为违章操作行为，简称违章。违章具有以下特点。

（1）大部分违章没有直接后果或没有显见后果，违章带有普遍性。

（2）有意违章与无意违章比较难区分（尽管本人是清楚的）。

（3）违章后果有潜在性，违章操作有较大潜在风险。

（4）违章动机和效果存在不一致性，情境违章更明显。

（5）任何年龄、工龄、工种的人都可能违章，而且还可能重复同样的违章，即凡是人都可能违章。

违章的危害不仅在于引起事故后对人身安全及设备造成的直接伤害，更严重的危害性在于给企业带来的潜在风险与间接危害。操作者会因大部分违章没有直接后果或没有明显后果而存侥幸心理，管理者会因此而放松管理，使违章总是难以杜绝，甚至发展成为习惯性违章，给企业带来极大的风险。违章后果的潜在性不仅会给本企业带来后患，甚至给相关企业带来灾难。

5.3.4.2　违章的行为

在生产过程中，职工明知道设备有缺陷，也明白违章操作是不安全行为，但是心怀侥幸，不愿按安全规程去做，结果放过了消除事故隐患、防止事故发生的机会，最终导致事故的发生。违章指挥、违章操作的行为主要有以下一些表现。

（1）骄傲自大，好大喜功。

（2）情绪波动，心神恍惚。

（3）技术不精，遇险惊慌。

（4）思想麻痹，自以为是。

（5）不思进取，盲目从众。

（6）心存侥幸，明知故犯。

（7）懒惰作怪，敷衍了事。

（8）心不在焉，满不在乎。

（9）好奇乱动，无意酿祸。

（10）工作枯燥，厌倦心烦等。

5.3.4.3　操作人员的心理

从事生产的劳动者发生的各种心理过程都带有个人的特点，因为操作行为与操作人员的心理状态、情绪好坏等因素有关，也和操作者的心理特征有关。人的个性心理特征是一个人在心理活动中所表现出来的，比较稳定和经常的特征，每个人的心理特征，正如每个人的面容各不相同，每个人都有自己的心理特征。

一般来说，导致事故发生的原因，归纳起来不外乎外因和内因两个方面：外因包括设备情况、预防措施、保护用品、环境温度、照明条件等；内因则包括操作人员的技术、心理活动或精神状态等方面不符合安全作业的要求。操作人员的操作行为发生错误或违章操作是引起事故的主要原因。所以，要研究和分析事故的内因，就必须研究和分析发生事故时操作人员的心理状态。

在发生事故之前，操作人员的心理状态有如下几种情况。

（1）麻痹大意，因为是经常干的工作，所以没有注意到反常现象。

（2）精力不集中，操作人员有特别高兴或忧虑的事情使情绪受到极大波动而发生事故。

（3）技术生疏，由于技术不熟练，遇事应变、应急能力差而造成的。

（4）过分依赖他人，在与他人共同作业时，不主动，不严格按照自己应承担的操作项目和操作规程进行，总是图省事、省力，想依赖他人，侥幸取胜，结果导致了事故的发生。

（5）紧张导致判断错误。

5.4　易致人为失误的生理心理因素

人，本身是一个随时随地都在变化着的巨大系统。这样一个巨大系统被大量、多维的自身变量制约着，同时又受到系统中机器与环境方面的无数变量的牵涉和影响，在生产劳动过程中，每个作业者作为一个处在复杂社会关系中的人，都会受到来自自然、社会、企业、家庭以及具体的工作环境和劳动群体等外界环境及个人生理、心理特点中异常因素的影响，使人的生理、心理状态发生不利变化。这些来自作业者外部和内部干扰因素的影响，都将导致作业可靠性降低，以致出现人为失误或差错，从而导致事故的发生。

5.4.1　疲劳因素

劳动者在连续工作一段时间以后，会有疲劳和机能衰退现象，这就是疲劳。疲劳是一种正常的生理心理现象。从生理学的观点来看，疲劳和休息是能量消耗与恢复相互交替的机体活动。疲劳与休息的合理调节；可以使人体的感觉器官、运动器官与中枢神经系统的机能得到锻炼、提高。在适度的范围内，疲劳对人体并没有什么害处。相反，人体如果长期缺乏应有的疲劳，则会引起机体内部活动的失调，如睡眠不良、食欲不佳、精神不振等。但是，如果由于工作负荷过重及连续工作时间过长造成过度疲劳，就会严重影响人的心理活动的正常进行，造成人体生理、心理机能的衰退和紊乱，从而使劳动效率下降、作业差错增加、工伤事故增多、缺勤率增高等。

现在，疲劳对安全生产的影响已引起人们广泛的重视，已有人把疲劳称为工业事故中具有头等重要性的因素之一，同时也是国际上工业安全方面一个长期研究的重点领域。因此，对于我国的研究者和安全管理工作者应该更加重视对疲劳因素的研究和预防，加强对劳动者休息权的保护，以缓解我国各类事故发生频率居高不下，人民的生命和财产遭受严重损失的局面。

疲劳按其产生的性质，可分为生理疲劳（或称体力疲劳）和心理疲劳（或称精神疲劳）两种。生理疲劳是由于人体连续不断地活动（或短时间地剧烈活动），使人体组织中的资源耗竭或肌肉内产生的乳酸不能及时分解和排泄引起的。心理疲劳有时是由于长时间集中于重复性的单调工作引起的，因为这种工作不能引起劳动者的动机和浓厚的直接兴趣，加之没有适当地休息与调换工作的性质，就会使人厌倦和焦躁不安，甚至失去控制情绪的能力。在有些情况下，心理疲劳可能因为有的工种需要用脑判断精细而复杂的劳动对象，脑力消耗太大而引起。在另一些情况下，可能由于人事关系矛盾或家庭纠纷等令人很伤脑筋的事情，造成精神疲劳。

生理疲劳和心理疲劳在劳动中并不一定是同时产生的。有时身体上并不感到疲劳，而心理上却感到十分厌倦。也有时虽然工作负担很重，身体上感到疲劳，但由于工作富有意义或做出了成就而感到精神轻松，仍能很有兴趣地工作。生理疲劳和心理疲劳既有一定的区别，又有一定的联系，并且相互制约。在生理上疲劳时，由于某种动机的驱动和意志上的努力，可以继续工作一段时间，但不能维持过长，超过某种限度，勉强工作就会引起过度的疲劳。这不仅有碍于劳动者的身心健康，而且容易产生意外事故。因此，在实际工作中，要尊重人体的生理规律，对延长劳动时间和加班必须予以严格的限制。

5.4.2　时间因素

我们知道，自然界中的节律现象是普遍存在的，诸如太阳升落，月亮盈亏，四季交替，植物的生长、落叶，动物的出没等，都有一定的节律，而人的生命活动也存在明显的节律。人体生理节律又称为生物钟，它从生命开始，随时间呈持续不断、周而复始的周期变化，这种周期变化就是生物节律。它与生命共存，并支配着生物体的行为。迄今为止，科学家们已经发现人体生理节律有 100 多种，其中主要有年节律、月节律、日节律等。

研究表明，人的各器官系统不能在长时间内保持均匀的工作能力，这种能力具有周期性变化的特点。其周期有时为 24h，或更长时间。人们发现，每个人的心跳快慢、体温、肌肉收缩力量及激素分泌等都有明显的昼夜节律，即随着白天和黑夜的交替，上述生理指标也发生变化。显然，这些变化会直接影响人的生理心理机能。

5.4.3　睡眠、意识觉醒水平与酒精因素

人的一生约有 1/3 的时间在睡眠中度过，可见睡眠对人类生命活动的重要性和必要性。人在觉醒状态下工作、学习和劳动之后所产生的脑力、体力的疲劳，必须经过充足的睡眠才能得以解除。许多研究认为，睡眠除了保证人体的生理功能的正常进行外，还与注意、学习和记忆等心理功能有关，同时，对保持健康的情绪和适应社会环境等方面也有一定的作用。睡眠不足对生产安全有着严重的不利影响，它导致工人的生理和心理功能明显下降或紊乱，从而导致工作失误和事故的发生。

意识觉醒水平是指人脑清醒的程度。意识层次模型说明，中枢系统能否意识集中而注意于当前的活动，以有效而安全地进行其工作，依赖于意识水平层次的高低。意识觉醒水平与作业可靠度见表 5-2。

表 5-2　意识觉醒水平与作业可靠度

层次等级	意识觉醒水平	对注意的作用	生理状态	可靠度
0	无意识，神志昏迷	无	睡眠、癫痫发作	0
I	正常以下，恍惚	不起作用，迟钝	疲劳、单调、打瞌睡、醉酒	<0.9
II	正常，放松	被动的，内向的	平静起居、休息、常规作业	0.99~0.9999
III	正常，明快	主动积极的，注意范围广，注意集中于一点	积极活动时的状态	>0.999999
IV	超常，极度兴奋、激动	判断停止	紧急防卫时的反应，慌张以致惊慌	<0.9

酒精既是历史悠久、普遍使用的药物，又是具有药理效应的食物。科学试验的结果表明，它是一种抑制剂。在酒精的影响下，人们常出现以下反应：

（1）感觉迟钝，观察能力下降。

（2）记忆力下降。

（3）责任感低，草率行事。

（4）判断能力下降，出错率高。

（5）动作协调性下降，动作粗猛。

（6）视听能力下降，易出现幻象和错听。

（7）语言表达能力下降。

（8）情绪波动较大，攻击性强。

（9）自我意识缺乏，易冒险。

（10）易患缺氧症。

国外的大量研究表明，随着血液酒精浓度的增加，人的操纵能力逐渐降低，对安全作业的影响很大，所以禁止员工上班期间饮酒。

5.4.4　社会心理因素

安全生产需要劳动者在稳定的情绪、平静的心境下集中精力地工作。可是，人每天都生

活在复杂的社会环境之中，不断与外界社会进行相互作用，几乎时刻都在与他人进行着各种形式的交往或联系。其间，社会人际关系不良、家庭冲突或各种生活事件等问题会经常发生。因此，对个体来说也就时常会产生各种复杂的心理冲突、挫折和沮丧或令人兴奋之事。在劳动过程中，对不少人来说，很难把这些心理矛盾和各种杂念全部排除在工作之外，以致造成分心或反应迟钝等情况，从而使作业失误增加、不安全行为增多，甚至导致事故的发生。

（1）人际关系　人际关系属于社会关系的范畴，是人们在相互交往中发生、发展和建立起来的心理上的关系。人际关系贯穿于社会生活的各个方面，是社会与个人直接联系的媒介，是人们进行社会交往的基础，是人们参加生产劳动、学习和日常生活及各种社会活动所不可缺少的。国外许多研究证明，在不良的人际关系环境中工作，发生事故的概率比正常条件下要高，特别是上、下级关系紧张的地方，更容易发生事故。

（2）家庭关系　家庭关系即家庭中的人际关系，是指家庭成员之间的相互关系。家庭关系是人们日常生活中最重要的人际关系，几乎每个人一生中都在一定的家庭中生活，因此，家庭中的人际关系好坏，对一个人的影响极大。更重要的是，家庭还是人们调节情绪和消除疲劳的场所。如果家庭关系不好，容易导致劳动者在工作中情绪消极，不能集中注意手头的工作，进而导致事故的发生。

（3）生活事件　生活事件是指个体生活中发生的需要一定心理适应的事件。人作为"社会关系的总和"，作为复杂纷繁的现代社会中的一员，相对于个体来说的正面和反面的生活事件，几乎每日都在发生，它们对个体的心理和行为均会发生积极或消极的作用。而当这种作用的强度达到一定程度，反映于劳动者的生产作业过程中时，就会导致人为失误的增加，更有可能发生工伤事故。

（4）节假日　在节假日前后，比较容易发生事故，似乎已经成为一个普遍的现象。不同生产现场的安全隐患较多，客观上要求每个劳动者必须集中精力工作。而节假日前后，人们由于其他事件的干扰，很难集中精力于工作之上，这就造成了事故的高发。

第6章
安全经济与安全投入

6.1 安全经济学概述

6.1.1 安全经济学的形成与发展

在国内外安全理论研究的历史上，由于安全生产与劳动保护的主要目标和任务在传统上是定位于人的生命安全与健康，所以在很长一段时期内，安全工作者很少从经济的角度去考虑人类的安全活动问题，更是很少有人专门提出研究安全经济学。安全经济学是伴随着安全科学的发展而产生和发展的。在安全科学的研究和发展中，我国学者不断地以"安全经济学"为命题，对安全、事故、事故损失、安全投资、安全效益、安全经济评价等问题进行了许多分析和研究，从而形成了安全经济学的初步框架。

1931年美国著名的安全工程师海因里希（W. H. Heinrich）出版了《工业事故预防》（Industrial Accident Prevention）一书，对工业安全理论进行了专门研究。他精辟地指出，除了人道主义动机，还有两种强有力的经济因素也是促进企业安全工作的动力：一种是安全的企业生产效率高，不安全的企业生产效率低；另一种是发生事故后用于赔偿及医疗费用的直接经济损失，只不过占事故总经济损失的1/5。到20世纪80年代前后出现了以安全经济学为命题的文献，尤其是意大利的著名学者D. 安德烈奥尼撰写的《职业性事故与疾病的经济负担》（The Cos of Occupational Accidents and Diseases），主要研究工作事故造成的经济后果，分析了职业伤害费用在不同社会成员间的分布。这些成果主要集中于关于安全的理论与实务的解释，虽然对安全卫生立法以及企业组织的安全卫生运作具有积极的影响，但尚不完全是科学意义上的安全经济学。

在国内，自20世纪90年代以来，开始出现以"安全经济学"为命题的研究成果：安全经济学在国家"学科分类与代码"中被列为安全科学的一个1级学科。作者1993年出版了《安全经济学导论》；原国家经贸委安全科学技术研究中心的宋大成研究员2000年出版了《企业安全经济学（损失篇）》；西安科技大学的田水承教授2004年出版了《现代安全经济理论与实务》等。这些研究成果标志着安全经济学在中国的提出和发展，但仍处于对安全经济学研究的初始阶段，尚未形成比较完整、系统的安全经济学理论体系，更没有形成完备的安全经济科学。发展安全科学必须回答好两个问题：一是在满足同样安全标准的条件下，能否使安全投入和消耗尽可能地小；二是在有限的安全投资条件下，能否使安全实现尽可能地大。这需要用安全经济学理论和方法才能解决。可以预言，安全经济学必然在应对这种日益复杂的挑战中，在提高人类安全效益的"建功立业"活动中，发展壮大起来。

6.1.2　安全经济学的研究对象和研究方法

6.1.2.1　研究对象

安全经济学是研究和解决安全经济学问题的，它既是一门特殊经济学，又是一门以安全工程技术活动为特定应用领域的应用学科。因此，安全经济学也有其自身的研究对象和自己的特殊矛盾运动。

安全经济学的研究对象，概括地说，就是根据安全实现与经济效果对立统一的关系，从理论与方法上研究如何使安全活动（安全法规与政策的制定、安全教育与管理的进行、安全工程与技术的实施等）以最佳的方式与人的劳动、生活、生存合理地结合起来，最终达到安全劳动、安全生活、安全生存的可行和经济合理，从而使人类社会取得较好的综合效益。

安全经济学应研究如下几方面的问题。

（1）安全经济学的宏观基本理论　研究社会经济制度、经济结构、经济发展等宏观经济因素对安全的影响，以及与人类安全活动的关系；确立安全目标在社会生产、社会经济发展中的地位和作用；从理论上探讨安全投资增长率与社会经济发展速度的比例关系；把握和控制安全经济规模的发展方向和速度。

（2）事故和灾害对社会经济的影响规律　研究不同时期（时间）、不同地区（行业、部门等空间）、不同科学技术水平和生产力水平条件下，事故、灾害的损失规律和对社会经济的影响规律，探求分析、评价事故和灾害损失的理论及方法，特别是根据损失的间接性、隐形性、连锁性等特征，探索科学、精确的测算理论和方法，为掌握事故和灾害对社会经济的影响规律提供依据。

（3）安全活动的效果规律　研究如何科学、准确、全面地反映安全的实现对社会和人类的贡献，即研究安全的利益规律，测定出安全的实现对个体（个人）、企业、国家，以及全社会所带来的利益，对制定和规划安全投入政策具有重要的意义，同时对科学地评价安全效益也是不可少的技术环节。

（4）安全活动的效益规律　安全的效益与生产的效益既有联系，又有区别。安全的效益不仅包括经济的效益，更为重要的是还包含有非价值因素（健康、安定、幸福、优美等）的社会效益，这种情况使得对安全效益的评定非常困难。为此，应细致地研究安全效益的潜在性、间接性、长效性、多效性、延时性、滞后性、综合性、复杂性等特征规律，把安全的总体、综合效益充分地揭示出来，为准确地评价和控制安全经济活动提供科学的依据。

（5）安全经济的科学管理　研究安全经济项目的可行性论证方法、安全经济的投资政策、安全经济的审计制度、事故和灾害损失的统计办法等安全经济的管理技术和方法，使国家有限的安全经费能得以合理使用，实现最大限度地发挥人类为安全所投入的人、财、物的潜力。

6.1.2.2　研究方法

首先应该指出，研究安全经济学的基本方法是辩证唯物论的方法。只有一切从实际出发，重视调查研究，掌握历史和现状客观的安全经济资料，才能由表及里、去伪存真，探求出带有普遍性规律的东西，才能使安全经济的论证符合客观规律，从而做出合理的决策。同时也应吸收现有相关学科的成果，采用多学科综合的系统研究方法，在较短的时期内，准确地认识安全客观经济现象，把握其本质规律，较快地推动安全经济学的发展。

安全经济学具体还应重视如下研究方法。

（1）分析对比的方法　由于安全系统是一个涉及面很广、联系因素复杂的多变量、多目标系统，因此，要求研究手段和方法要科学、合理，符合客观的需要。进行分析和对比是掌握系统特性及规律的基本方法之一。为此，要注重微观与宏观相结合、特殊与一般相结合的原则。只有从总体出发，纵观系统全局，通过全面、细致的综合分析对比，才能把握系统的可行性和经济合理性，从而得到科学的结论。安全经济活动所特有的规律，如"负效益"规律、非直接价值性特征等，只有通过分析对比才能获得准确的认识。

（2）调查研究的方法　认识安全经济规律，很大程度上应根据现有的经验和材料来进行，从实践中获得真知，而不应该从概念出发，束缚和僵化思想。因此，调查研究应是认识安全规律的重要方法。事故损失的规律只有在大量调查研究的基础上，才能得以揭示和反映。

6.2　安全经济学的基本理论

6.2.1　安全活动的基本特性

人们总是主观期望用尽量多的投入来实现生产过程的安全和生活的公共安全，由于科学技术能力和社会经济能力的有限性，这种有限的安全投入与极大化的安全水平要求的矛盾，是安全经济学生存与发展的最基本的动力。因此，首先应在认识这一基本现实的前提下，来发展安全经济学。

根据安全事物的客观存在，安全经济理论和方法首先应遵循下述安全固有属性所概括出的基本特性。

6.2.1.1　避免事故或危害有限性的特性

避免事故或危害有限性的特性包含两层含义：一是各种生产和生活活动过程中事故或危害事件虽可以避免，但难以完全或绝对避免；二是各种事故或危害事件的不良作用、后果及影响可能避免，但难以完全或绝对避免。

创造绝对充分的条件和可能性，使生产绝对不发生事故或危害事件，仅是理想的状态，客观实现只能是创造相对安全的状态。这既决定于技术与自然演替规律无法改变的原因，也来源于人类对制止其事故的技术与经济能力所不及的原因。因此，决定了避免事故或危害是有限的这一客观事实。安全经济学为安全活动提供适应这一规律的技术理论和方法。

实践中人们总是尽其所能地去防止和避免事故的发生，不会有意识地去制造和扩大它。但是无论人们如何努力，事故总是难以完全排除，这就是事故率可以无限趋于零，而无法绝对为零的客观表现。无法完全或绝对地避免事故，并不意味着不能避免。人类所做的安全努力，意义就在于在有限的安全投入和条件下，努力使事故损失和危害控制在可接受或称为"合理"的水平上。

6.2.1.2　安全的相对性特性

怎样的安全才算安全？多大的安全度才是安全？这是一些很难回答的问题，因为安全具有相对性，安全的相对性表现在以下三个方面：首先，绝对安全的状态是不存在的，系统的安全是一个相对的概念；其次，安全标准是相对于人的认识和社会经济的承受能力而言的，抛开社会环境讨论安全是不现实的；再则，人的认识是无限发展的，对安全机理和运行机制的认识也在不断深化，即安全对于人的认识而言具有相对性。

某一安全性在某种条件下被认为是安全的，但在另一条件下就不一定会被认为是安全的，甚至可能被认为是很危险的，因此，这一问题只能用阈值来回答，安全阈由安全程度的最大值和最小值之差来表述绝对的安全，即 100% 的安全性，是安全性的最大值，当然，这是很难实现的，甚至是不可能达到的，但却是社会和人们应努力追求的目标。此外，在实践中，人们或社会客观自觉或不自觉地认可或接受了某一安全性（水平），当实际状况达到这一水平，人们认为是安全的，低于这一水平，则认为是危险的，这一水平下的安全性就是相对安全的最小值（或称安全阈下限）。实际生活中也用这一值的补值（即危险值）来表述，称为"风险值"。风险是生产、生活和生存活动中客观存在不安全的程度。安全经济学就是要根据社会的技术和经济客观能力，以及相应的社会对危险的承受能力，为不同的生产、生活环境或产业过程提供和确认这一"最低"安全值，作为制定安全标准的依据。

从另一侧面理解安全这一概念，可以认为安全的相对性是指免除风险（或危险）和损失的相对状态或程度。

6.2.1.3　安全的极端性特性

这一特性有如下三个含义。

（1）安全科学的研究对象（事故、危害与风险）是一种"零—无穷大"。事件，或称"稀少事件"。即事故或危害事件具有如下特点：一是事故发生的可能性很小（趋向零），而后果却十分严重（趋向无穷大）；二是安全事件的作用强度很小，但危害涉及的范围或人数却广而多。

（2）描述安全特征的两个参量安全性与风险性具有互补关系。即安全性＝1－风险性，当安全性趋于极大值时，风险性趋于最小值，反之亦然。

（3）人类从事的安全活动，总是希望以最小的投入获得最大的安全。

上述三对极向矛盾运动，是安全经济学发展的基础和动力，换言之，安全经济学根本的重要基础命题就是要使这三对矛盾达到最合理的状态。

安全经济学要从安全的角度或着眼点研究安全与经济的相互关系这一特定领域的问题。安全的经济投入及其意义和价值、社会经济效益及其实现它们匹配的最佳状态理论和方法是安全经济学的重要研究内容，要研究这些基本理论问题，需要对上述基本特性有足够的认识。

安全经济学的建立和发展必须遵循上述几个基本特性。有了这种基本的认识，安全经济学的发展才能建立在客观的基础之上。

6.2.2　安全效益及利益规律

规律是事物运动过程中本身固有、本质、必然的联系，人们想问题、办事情，只有遵循客观规律，才能达到预期的目的并取得成功。在安全领域中，安全效益和安全利益也存在规律，而安全的发展必须以人类的科学技术水平和经济能力为基础，但在实际中这两种能力的施展往往是受限的，所以在进行各种安全活动时，就必须讲求经济效率和效益，按照安全经济学的效益及利益规律办事，要利用规律达到安全生产和效益最大化的目的，首先必须认识规律。

6.2.2.1　安全效益规律

安全活动的目的首先是减少事故造成的人员伤亡、财产损失以及对环境的危害。同时，随着安全科学的发展，人们不仅关心哪一方案或措施能获得最大的安全，而且关心实现哪一方案或措施最省时、投入少还能获得最佳效益以及实现系统的最佳安全性。因此，安全效益成为了人们关注的焦点。

　　在一定的技术水平下，安全效益＝减损效益＋增值效益＋安全的社会效益（含政治效益）＋安全的心理效益（情绪、心理等）。在安全效益的 4 个组成成分中，仅仅关注并增大其中一项或两项并不能使安全效益最大化，四者是相互依存的，只有同时达到最大，安全效益才能最大化。

　　但是在实际情况下，四者并不能达到理想中的最大化，其最大值是相对一定技术水平而言的。安全效益规律是在安全投入产出中体现、预防性的"投入产出比"远远高于事故整改的"产出比"，1 分预防性投入胜过 5 分事故应急或事后的整改投入。在工业实践中，存在一个安全效益的"金字塔法则"，即设计时考虑分的安全性，相当于加工和制造时的 10 分安全性效果，进而会达到运行投产后的 1000 分安全性效果。

6.2.2.2　安全利益规律

　　安全利益规律是指在实施安全对策的过程中，所发生的人与人、人与社会、个人与企业、社会与企业间的安全经济利益的关系，以及不同条件下的安全经济利益规律。认识安全利益的重要性，尊重安全利益规律，是树立正确的安全经济意识、掌握正确的判断方法、实施科学安全决策的前提。

　　从空间上分析，安全经济利益有如下层次关系：以国家或社会为代表的所有者利益，安全与否影响其财富和资金积累，甚至安定局势的好坏；以企业为代表的经营者利益，安全与否影响其生产资料能力的发挥，以及产品质量与经营效益的得失；以个人为代表的劳动者利益，安全与否影响本人的生命、健康、智力与心理、家庭及收入的得失。从时间上分析，安全经济利益一般经历负担期Ⅰ（或称投资无利期）—微利期Ⅱ—持续强利期Ⅲ—利益萎缩期Ⅳ—无利期Ⅴ（失效期）的层次循环，如图 6-1 所示。

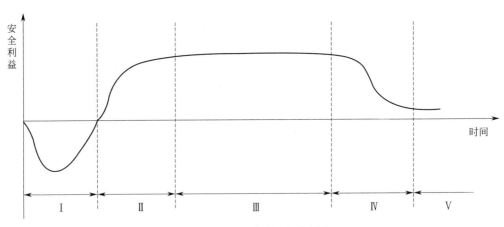

图 6-1　安全经济利益规律周期

　　如何对安全的经济利益进行有效控制和引导，缩短安全经济利益的负担期和无利期，延长安全经济利益的持续强利期，使之朝着安全的经济利益方向发展，这是研究安全经济利益规律的目标和动力。

6.2.3　安全经济学原理

　　安全经济学的基本任务之一是研究安全的经济投入与产出的关系，即为获得最大化的安全利益，保证最小化的事故损失。为此，有必要探讨总结安全经济的基本规律——安全经济的效益规律、安全经济的利益规律以及安全的需求与供给规律。

6.2.3.1　安全的产出效益分析

安全的两大效益功能是：首先，安全能直接减轻或免除事故或危害事件给人、机、环境造成的损害，实现保护人类生命财产安全、设备财产安全以及环境安全等功能；其次，安全能通过保障劳动条件和维护经济增值过程，进而实现间接为社会增值的功能。

第一种功能可用损失函数 $L(S)$ 表达：

$$L(S)=L\exp(l/S)+L_0 \qquad L>0,l>0,L_0<0 \tag{6-1}$$

第二种功能可用损失函数 $L(S)$ 表达：

$$I(S)=L\exp(-i/S) \qquad I>0,i>0 \tag{6-2}$$

上两式中，L、l、I、i、L_0 均为统计常数。从图 6-2 中曲线可看出以下两点。

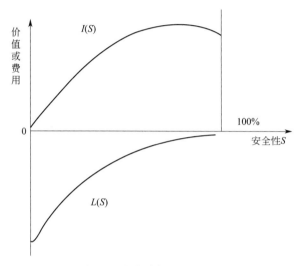

图 6-2　安全减损和增值函数

(1) 增值函数"本质增益" $I(S)$ 随安全性 S 的增大而增大，它的增大值不是无限的，最大增大值由技术系统本身的功能所决定。

(2) 损失函数"拾遗补缺" $L(S)$ 随安全性 S 的增大而减小。当 S＝0 即系统无任何安全性可言，那么损失趋于无穷大，具体取值还应考虑机会因素；当 S 趋于 100％时，损失趋于零。

无论是"增值函数"还是"损失函数"，如果分别形成"本质增益"或"拾遗补缺"，那么其安全性都得到了增加，都表明安全创造了价值。"拾遗补缺"功能创造的效益可称为"负负得正"或"减负为正"。

6.2.3.2　安全的成本分析

安全的增值功能以及减损功能，这两种基本功能组合成为安全的综合经济功能。用安全功能函数 $F(S)$ 表示（安全功能的概念等同于安全产出或安全收益）：

$$F(S)=I(S)+[-L(S)]=I(S)-L(S) \tag{6-3}$$

如果将损失相关函数 $L(S)$ 乘以负号，则与增值函数 $I(S)$ 叠加后即得功能函数 $F(S)$ 曲线，在第一象限表示，见图 6-3。从图中可得推论如下。

(1) 当系统的安全性趋于零时，系统毫无安全性保障，这时系统也无任何收益可言，系统的功能无限降低。

(2) 当安全性达到 S_L 点，是安全性的基本下限。当 S_L 小于 S 时，系统出现正功能，随着 S 的增大，功能逐渐增大。

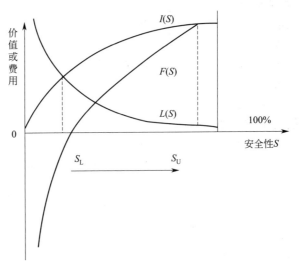

图 6-3　安全产出或功能函数

（3）当系统的安全性接近绝对安全时，也就是 $S=100\%$ 时，例如 S_U 点，功能增加速率相应逐渐降低，受到本系统功能的影响，增加速率接近于零，就是说达到绝对安全几乎不能实现。由此可知，安全的增加不能改变系统本身所创造的价值，但能保障安全地创造出预期的价值，从而体现了系统安全自身的价值。

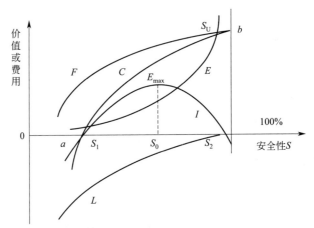

图 6-4　安全成本函数及效益函数

I—安全增值；F—安全产出；C—安全投入；E—安全效益；L—事故损失

6.2.3.3　安全效益分析

$F(S)$ 函数与 $C(S)$ 函数之差就得到了安全效益，用安全效益函数 $E(S)$ 来表示：

$$E(S)=F(S)-C(S) \tag{6-4}$$

$E(S)$ 曲线见图 6-4。可看出，在 S_0 点 $E(S)$ 取得最大值。S_L 和 S_U 是安全经济盈亏点，它们决定了 S 的理论上下限。从图 6-4 可看出，在 S_0 点附近，能取得最佳安全效益。由于 S 从 $S_0-\Delta S$ 增至 S_0 时，成本增值 C_1 大大小于功能增值 F_1，因而 $S<S_0$ 时，提高 S 是值得的；当 S 从 S_0 增至 $S_0+\Delta S$，成本 C_2 却数倍于功能增值 F_2，因而 $S>S_0$ 后，增加 S 就显得不合理了。

以上对几个安全经济特征参数规律进行了分析，意义不在于定量的精确与否，而在于表述安全经济活动的某些规律，有助于正确认识安全经济问题，知道安全经济决策。

6.2.4　安全经济投入的评价原理及方法

投入安全活动的一切人力和财力的总和称为安全投入，也称为安全投资或安全资源。在安全活动的实践中，安全专职人员的配备、安全与卫生技术设施的投入、安全设施维护、保养及改造的投入、安全教育及培训的花费、个体劳动防护及保健费用、事故援救及预防、事故伤亡人员的救治花费等，都是安全投入。安全经济投入必须坚持安全投入原则，遵守安全经济学规律。安全经济学的实用意义之一在于指导安全经济决策，确定最佳的安全投入，把稀缺资源配置到各种不同的需要上，并使它们得到最大的满足。下面介绍安全经济的投入优化原则及安全投资合理性评价的方法。

6.2.4.1　安全经济投入优化原则

安全经济投入的优化原则有两点：一是要使安全经济消耗最低；二是要使安全经济效益最大。前者要求"最低消耗"，后者是讲"最大效益"。

(1) 安全经济投入最低消耗原理　安全涉及两种经济消耗：事故损失和安全成本（这里仅包含安全主动性的支出）。两者之和表明了安全经济负担总量，可用安全负担函数 $B(S)$ 表示：

$$B(S)=L(S)+C(S) \tag{6-5}$$

式中　$B(S)$——安全负担；

　　　$L(S)$——事故损失；

　　　$C(S)$——安全成本。

安全负担函数反映了安全经济总消耗，其规律见图 6-5。

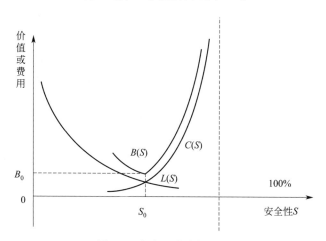

图 6-5　安全经济消耗规律

安全经济最优化的一个目标是使 $B(S)$ 取得最小值。由图 6-5 可看出，在 S_0 处 $B(S)$ 最小，而 S_0 可由下式求得：

$$dB(S)/dS=0 \tag{6-6}$$

(2) 安全投资最大效益原理　安全效益函数 $E(S)$ 表达了安全效益的规律。由图 6-4 可看出，S_0 点处有 $E_{\max}$，此时的 S_0 点可由下式求得：

$$dE(S)/dS=0 \tag{6-7}$$

由此可做如下分析（图 6-4）。

① 在 a、b 两点，无安全效益，说明安全性较低或较高，系统总体效益均不高。

② 根据"最大效益原理",可将安全性取值划分为三个范围：$S < S_1$ 投入小,但损失大,综合效益差,需要改善安全技术,提高效益；S 在 $S_1 \sim S_2$ 之间,接近 S_0 点有较好的安全综合效益,是优选范围；$S > S_2$,虽然损失小,但安全成本高,综合效益也较差,需要在力求保持安全性的前提下,降低成本,提高综合效益。

6.2.4.2 安全投资项目的合理评价方法

(1) 机会成本评价法 机会成本是经济学理论中的一个基本概念,它是指在稀缺存在时因为选择而失去的机会价值,也就是拒绝备选品或备选机会的最高收益的估计价值。可用如下公式表示：

$$C_0 = Max(B_1, B_2, \cdots, B_i) \tag{6-8}$$

式中　C_0——机会成本；

B_i——被拒绝的第 i 种机会；

$Max(B_i)$——被拒绝的第 i 种机会的最高收益。

应该说明的是以下几点。

① 机会成本是头脑中的"概念"成本,任何资金投入只要支出了,即使有其他更佳方案,也就意味着不能按其他方案投资。安全投资中有限的资金只能用在"刀刃"上。

② 安全投资存在多种不同的选择,投资价值高低不同。

③ 面对多个备选方案,决策者要按机会成本最小来决策。

为了实现避免或减少事故损失的目标,人们就必须付出一定的经济代价,但这种代价能否肯定避免或减少相应的事故损失,这又取决于多种因素,尤其是事故本身。在很多情况下,人们对亟待解决的事情要进行选择,因此可以运用机会成本法进行比较。

对企业而言,事故不仅会使其付出物质财富损失的代价,还会波及其生产、销售市场等,企业要想稳定自己的生产经营,可以选择向保险公司投保各种财产保险,通过缴付一定的保险费来换取保险公司对事故损失进行补偿的保障,但也可能因在保险有效期内未发生事故或发生的事故不属于保险责任范围而得不到保险公司的补偿。对于有限的资源(自然资源、人力资源、时间资源等),企业如何抉择来实现机会成本的最小化,将是判断安全经济投入效益最大化的重要原则之一。

值得注意的是,机会成本具有主观性,它是选择者主观的价值度量,因为被拒绝的备选品或方案的未来价值或者效用难以判断,更难量化。

(2) "功能(效益)-成本"评价法 基于价值工程原理,安全投资项目的合理性和有效性可用投资方案的"功能-成本"比或"效益-成本"比来评价。评价模型如下：

$$\text{SIRD}_j = \frac{\sum P_i L_i R_i}{C_j} \tag{6-9}$$

式中　SIRD_j——第 j 种方案安全投资合理度；

$\sum P_i L_i$——安全投资后的总效果；

$P_i L_i$——系统危险度；

P_i——投资系统中第 i 种危险的发生概率；

L_i——投资系统中第 i 种危险的最大损失后果；

R_i——投资后对第 i 种危险的消除程度；

C_j——第 j 种方案的安全工程总投资。

不同的投资方案具有不同的安全效果和投资量,因而具有不同的投资合理度。依据 SIRD 值的大小可选出最优方案,实现方案优选。

6.3　安全价值工程方法

6.3.1　安全投资与成本分析

6.3.1.1　安全投资的含义及性质

投资是商品经济的产物，是以交换、增值取得一定经济效益为目的的。投资是经济领域使用的概念。安全从一般意义讲是以追求人的生命安全与健康、生活的保障与社会安定为目的的。作为企业，从安全生产的角度考察，安全则具有了投资的价值，即安全的目的有了追求生产效果、经济利益的内涵。安全对企业的生产和经济效益的取得具有确定的作用，安全活动应被看成一种有创造价值意义的活动，一种能带来经济效益的活动。

安全活动是以投入一定的人力、物力、财力为前提的。把投入安全活动的一切人力、物力和财力的总和称为安全投资，也称为安全资源。因此，在安全活动实践中，安全专职人员的配备、安全与卫生技术措施的投入、安全设施维护、保养及改造的投入、安全教育及培训的花费、个体劳动防护及保健费用、事故救援及预防、事故伤亡人员的救治花费等，都是安全投资。而事故导致的财产损失、劳动力的工作日损失、事故赔偿等，非目的性（提高安全活动效益的目的）的被动和无益的消耗，则不属于安全投资的范畴。

6.3.1.2　安全投资分析与决策技术

（1）安全投资决策程序　安全投资决策程序是指安全投资决策过程中要经过的几个阶段或步骤。一般来说，一个安全投资项目，它的决策程序可以划分为 5 个阶段，即提出项目建议书（投资立项）、可行性研究阶段、项目评估决策阶段、项目监测反馈阶段和项目后评价阶段。

（2）安全投资决策方法　安全投资决策需要解决两个要素：一是安全投资方向决策；二是安全投资数量决策。

① 安全投资方向决策。安全投资主要涉及 5 个方向，即安全技术措施投资、工业卫生措施投资、安全教育投资、劳动保护用品投资和日常安全管理投资。

② 安全投资数量决策。从提高安全水平的角度上讲，安全投资数量越多越好。但是企业作为一个以盈利为目的的组织，为了自身的生存、发展、壮大，它必须考虑利润。随着安全投资数量逐步增加，安全度逐步提高，而利润随着安全投入的加大，先增大至最大点，而后逐步减少，甚至为负数。开始，随着安全投资数量的逐步增加，利润亦逐步增加，这是因为实施安全投资项目产生了投资效益。投资效益包括经济效益和非经济效益（即社会效益）。而经济效益则包括"隐性"经济效益与"显性"经济效益。"隐性"经济效益就是经济损失降低额。"显性"经济效益是指安全投资项目实施后，消除了不安全因素，改善了劳动环境和劳动条件，即提高了安全水平，则往往由此提高了劳动生产率，从而新增一定量的经济效益。实施安全投资项目所产生的社会效益，是指安全条件的实现，对国家和社会的发展、对企业或集体生产的稳定、对家庭或个人的幸福所起的积极作用。作为一个负责任的企业，在考虑利润时，应充分考虑社会效益。只有这样，才会实现企业价值最大化。

安全投资决策是安全经济学研究的一个重要而有待于拓展的新领域，有许多问题有待于进一步探讨。从现实来看，这种研究是非常必要的，它可以为提高我国安全投资决策水平、提高安全管理水平、减少财产损失和人员伤亡、进一步提高生产水平做出贡献，所以应大力加强这方面的研究。

6.3.2 事故经济损失分析计算

6.3.2.1 事故经济损失的一般计算理论和方法

（1）基本概念

① 事故。可能造成人员伤害和（或）经济损失、非预谋性的意外事件，这一定义的内涵是事故涉及的范围很广，无论是生产中的还是生活中的事故的后果是导致人员伤害和（或）经济上的损失。事故事件是一种非预谋性的事件。

② 事故损失。指意外事件造成的生命与健康的丧失、物质或财产的毁坏、时间的损失、环境的破坏。

③ 事故直接经济损失。指与事故事件当时、直接相联系、能用货币直接估价的损失。如事故导致的资源、设备、设施、材料、产品等物质或财产的损失。

④ 事故间接经济损失。指与事故事件间接相联系、能用货币直接估价的损失。如事故导致的处理费用、赔偿费、罚款、劳动时间损失、停工或停产损失等事故非当时的间接经济损失。

⑤ 事故直接非经济损失。指与事故事件当时、直接相联系、不能用货币直接定价的损失。如事故导致的人的生命与健康、环境的毁坏等无直接价值（只能间接定价）的损失。

⑥ 事故间接非经济损失。指与事故事件间接相联系、不能用货币直接定价的损失。如事故导致的工效影响、声誉损失、政治安定影响等。

⑦ 事故直接损失。指与事故事件直接相联系、能用货币直接或间接定价的损失。包括事故直接经济损失和事故直接非经济损失。

⑧ 事故间接损失。指与事故事件间接相联系、能用货币直接或间接定价的损失。包括事故间接经济损失和事故间接非经济损失。

明确上述定义是准确计算事故损失的基础。

以往的事故理论研究往往侧重于事故的有形损失，即直接的事故损失。然而，近些年来，安全理论界的研究热点开始转向事故的间接损失，即由于事故导致的无形、非价值因素的经济损失问题。事故的发生不仅对企业产生极大的直接经济影响，而且会对企业商信、工效及社会形象造成影响。对于事故的经济损失的深入研究，不仅是事故处理和管理的需要，更重要的是通过系统分析事故的经济成本，可以找到引导和有效干预安全生产决策的方法，对安全生产的经济意义进行科学评价和认识，对促进社会、政府和企业的安全生产科学决策和有效地预防事故措施有现实的指导意义。

如何才能正确地计算事故的经济损失，进而全面地考核企业的安全生产状况，正确地反映事故对经济发展的影响，唤起人们重视安全工作，使企业更主动地增加安全投资，并且使安全投资合理地投入，最大限度地发挥安全投资的效用，减少事故的发生，进而提高企业的经济效益，已引起企业经营者的高度重视，并已成为安全工作者的奋斗目标。然而，由于事故间接损失的隐形性和难以计量的特点，以及安全投资产生的经济效益有事后性、隐形性特征，在事故损失的评价和计量方面一直是安全生产领域在理论上和实践上一个具有挑战的课题。

（2）事故损失分类　事故损失的分类是事故损失规律的最基本问题。对于事故的分类，由于分类的角度、分类的目的和要求不同，在国内外都普遍存在有不同的观点和方法，下面是国内外的基本认识和做法，事故损失的分类目前还没有统一的标准，下面介绍几种有助于事故损失统计和计算的划分方法。

① 按损失与事故事件的关系划分。

② 按损失的经济特征划分。

③ 按损失与事故的关系和经济的特征进行综合分类。

④ 按损失的承担者划分。

⑤ 按损失的时间特性划分。

⑥ 按损失的状态划分。

不同分类方法的特点见表 6-1。

表 6-1 事故损失分类对照

对照概念	标准	意义
经济/非经济	事故损失是否或应当有价值	用于测定事故损失的经济特征
直接/间接	损失是否可以以货币形式计量，并有账可循	用于测定决策者可以察觉到的现实存在的经济激励
固定/可变	损失是否随事故的发生和严重性而变化	用于衡量单个决策者采取措施以减轻事故水平的经济动力
内部/外部	费用是否由造成损失的经济单位支付	用于对比单个决策者和社会改善工作环境的经济动力

6.3.2.2 事故经济损失估算方法

为了了解工伤事故的经济损失，应当探讨一个比较简单方便、切实可行的统计计算方法，这一方法应能将一个系统或一个大型企业的工伤事故经济损失价值很快地粗略计算出来。

（1）估算的基本理论 事故经济的估算基本思想是：首先计算出事故的直接经济损失以及间接经济损失，然后根据各类事故的非经济损失估价技术（系数比例法）估算出事故非经济损失，两者之和是事故的总损失。即有计算公式：

$$事故经济损失 = \sum L_{1i} + \sum L_{2i} \tag{6-10}$$

$$事故非经济损失 = 比例系数 \times 事故经济损失 \tag{6-11}$$

$$事故损失 = 事故经济损失 + 事故非经济损失 \tag{6-12}$$

（2）事故经济损失估算技术 事故经济损失估算方法主要有人员伤害事故的价值估算方法（包括伤害分级比例系数法、伤害分类比例系数法）、直间比系数估算法。

总之，由于事故的多样性、企业结构和企业文化的差异性及社会因素的复杂性，拿一把钥匙开万把锁的省事方法将不会得到对于企业事故经济损失的可靠评估。即使在一个企业里，用单一的倍乘法也很少会得到具有代表性的结果。

尽管如此，还是希望针对不同行业的事故损失的共性规律，研究出同行业、同类型事故的直接损失倍比系数的体系，以提供事故总损失的计算，从而使发生事故后的经济评估工作简单而适用和可操作。

（3）经济损失率指标计算及评价 伤亡事故的损失后果有两个重要表现形式：一是人员伤亡损失；二是经济损失。因此，在对事故进行全面的综合评价时，也应从两个方面来进行。长期以来，通常采用死伤人数、千人负伤率、百万产值伤亡人数等指标，仅从人员伤亡方面进行事故的评价显然是不够的。建议在综合利用事故后果相对指标时，应着重考虑如下几项经济损失指标来评价企业员工伤亡事故的规模和严重程度，这样应弥补了仅从事故后果的一个方面——人员伤亡来评价事故的评价方法，从而对事故做出全面的评价。

① 千人经济损失率按下列公式计算：

$$R_{\mathrm{m}} = L/N \times 1000‰ \tag{6-13}$$

式中 R_{m}——千人经济损失率，万元/千人；

L——全年内经济损失，万元；

N——企业在册员工人数，人。

千人经济损失率将事故经济损失和企业的劳动力联系在一起，它表明全部员工中平均每千员工事故所造成的经济损失大小，反映了事故给企业全部员工经济利益带来的影响。

② 百万元产值经济损失率按下列公式计算：

$$R_v = L/PE \times 10^6 \tag{6-14}$$

式中 R_v——百万元产值经济损失率，万元/百万元；

　　　 L——全年总经济损失，万元；

　　　 P——企业全年总产值，万元。

百万元产值经济损失率将事故经济损失和企业的经济效益联系在一起，它表明企业平均每创造一百万元产值因事故所造成的经济损失的大小，反映了事故对企业经济效益造成的经济影响程度。

③ 事故经济损失程度分级是为了定性与定量相结合地衡量事故的经济损失，除用上述指标进行评价外，还可在评价事故程度的基础上，对事故经济损失严重程度进行定性分级。综合考虑企业员工伤亡事故经济损失情况及我国目前的经济水平，以及各地、各部门的现行做法等因素，将损失严重程度以 1 万元、10 万元、100 万元为界线划分为 4 级，即：一般损失事故，经济损失小于 1 万元的事故；较大损失事故，经济损失大于 1 万元（含 1 万元）但小于 10 万元的事故；重大损失事故，经济损失大于 10 万元（含 10 万元）但小于 100 万元的事故；特大损失事故，经济损失大于 100 万元（含 100 万元）的事故。

6.3.3　事故非价值因素的损失分析计算

安全最基本的意义就是生命与健康得到保障，所探讨的安全科学技术的目的是保证安全生产、减少人员伤亡和职业病的发生，以及使财产损失和环境危害降低到最小限度，在追求这些目标，以及评价人类这一工作的成效时，有一个重要的问题，就是如何衡量安全的效益成果，即安全的价值问题，对于财产、劳务等这些价值因素，客观上就是商品，它们的价值一般来说容易做出定量的评价，而对于生命、健康、环境影响等非价值因素都不是商品，不能简单直接地用货币来衡量，但是，在实际安全经济活动中，需要对它们做出客观合理的估价，以对安全经济活动做出科学的评价和有效地指导其决策，因此需要对其测算的理论及方法进行探讨。

其中主要包括生命与健康的价值评价、工效损失的价值计算、商誉损失的价值分析、环境损失的价值测算。

基于上述认识，可以说安全经济学的研究任务之一就是要对事故和灾害中人的生命、健康、工效、商誉等非价值因素影响给以相对合理和明确的判断，当这些非价值因素确定后，要尽量用货币值或经济当量来反映。这一工作对在市场上可以交换的物品、劳务等很容易，而那些没有价格或一般不能交易的非价值因素，就需要进行更深入的探讨和研究，寻求新的定量分析和估值的方法。

6.3.4　安全经济贡献率分析

6.3.4.1　安全经济贡献率的概念

安全对于一个国家（行业、部门、企业）的经济发展作用功不可没，合理、准确地计算其经济贡献率是很有必要的。

（1）安全对于减少事故损失的贡献率——"减负为正"　安全投资对于减少事故损失的作用毋庸置疑，安全投资越多，这种作用越大，发生事故的可能性越小，发生事故的频度越小。

（2）安全对于经济发展的增值作用　这种作用体现在安全对于生产的技术功能保障与维护作用，无论一个企业发生事故与否，这种对国民生产的保障与维护作用都存在，并且伴随经济运行的全过程。这主要包括以下几个方面的内容：提高劳动者的安全素质，从而提升劳动力的工效作用；管理作为生产力要素之一，在企业管理过程中，必须投入安全的管理；安全条例或环境对生产技术或生产资料的保护作用；安全绩效作为企业的商誉体现，对市场、信贷和用户的资信都发挥着良好作用。这四个方面都会表现出对经济的增值作用。因此，安全对经济的贡献由两部分组成：减损部分和增值产出部分。只要分别计算这两部分的贡献率，将其相加即可得到整个安全经济贡献率。即有如下的安全经济贡献率的宏观计算模型：

$$安全经济贡献率 = \frac{安全产出}{国内生产总值} \times 100\% = \frac{减损 + 增值产出}{国内生产总值} \times 100\% \qquad (6-15)$$

分析计算安全生产的经济贡献率的一种方式是对企业或项目进行微观的分析计算；另一种方式是对社会或国家的宏观分析计算。由于计算安全生产成果的特殊性（安全成果是一种无形的产品），对于单个企业可以分别计算减损的贡献率和安全增值的贡献率（包括安全管理、劳动力安全素质、安全条件和安全信誉等内容），然后相加即可得到整个安全经济贡献率。但对于一个国家或一个部门来说，由于计算全国安全引起的生产总值的提高（或减少工效损失）、整个网家（部门）安全环境的价值以及安全信誉的价值等的不可操作性，不能按照这一方法来计算。因此，对于一个社会或国家的安全经济贡献率，只能用宏观模型来分析，实际上，分析一个企业的安全经济贡献率是没有意义的，而分析一个国家的宏观安全经济贡献率，对于提高社会对安全的认识和社会的安全宏观决策具有现实的意义。

6.3.4.2 微观安全经济贡献率的计算模型

对于计算单个企业的安全经济贡献率或采取第 3 章中提到的方法加以计算，即：

$$企业安全经济贡献率 = 减损的贡献率 + 安全增值的贡献率 \qquad (6-16)$$

其中，减损的贡献率可通过企业跟以往年份相比事故的减少值来计算。

$$安全增值的贡献率 = 安全管理水平、劳动力素质等要素的贡献率 + 安全环境的贡献率$$
$$+ 安全信誉的贡献率$$

在计算中，对于安全管理水平、劳动力素质等要素的贡献率和安全环境的贡献率主要采用这两方面的因素使企业的工效增加相对应的价值来计算；对于安全信誉的贡献率采用企业商誉的价值乘以安全信誉的权重来计算。如果存在企业对环境污染的问题，再计算企业所造成的环境污染的变化情况所对应的价值，比如企业通过对污染物进行处理后再排入外部环境，可计算其污染物减少所对应的价值作为企业安全增值的一部分。

6.3.5 安全经济效益分析技术

6.3.5.1 安全效益的含义

安全价值或安全效益是指安全条件的实现，对社会（国家）、对集体（企业）、对个人所产生的效果和利益。安全的直接效果是人的生命安全与身体健康的保障和财产损失的减少，这是安全的减轻生命与财产损失的功能；安全的另一重要效果是维护和保障系统功能（生产功能、环境功能等）得以充分发挥，这是安全的"价值增值能力"，是从表现形式来考察安全的效益。

安全效益的实质应当这样来表述：用尽量少的安全投资，提供尽量多的符合社会需要和人民要求的安全保障。安全活动在获得满足安全需要的基本前提下，所用的活劳动和物化劳动消耗越少，安全的经济效益就会越高。因此，安全专业机构或部门一定要在提高安全社会效益的前提下，努力提高安全经济效益。

6.3.5.2 安全投入产出分析

丰硕的产出来自于积极的投入，辩证唯物主义者认为，任何事情都存在一个投入与产出的问题。投入是产出的前提，产出是投入的体现，没有投入就没有产出，搞经济工作如此，安全生产工作同样是这个道理。事实证明，安全生产工作没有可靠的投入，就不可能有可喜的大好局面。

影响安全投入产出的因素分析如下：无论在哪一个领域，人们总是期望投入能带来高的产出，在安全领域也是如此。在安全活动实践中，安全投入主要是指用于安全专职人员的配备、安全与卫生技术措施的投入、安全设施维护保养及改造、安全教育及培训、个体劳动防护及保健、事故预防及救援、事故伤亡人员的救治等的资金。安全产出一般分为增值产出和减损产出，但由于安全产出的潜在性和长期性等特点，可以直接表现出的是事故损失的减少。

影响安全投入产出的因素主要有两个：安全投入总量的大小和各项安全投入分配的合理程度。安全投入总量的大小视企业的规模和效益而定。国务院曾规定"企业每年在固定资产更新和技术改造中提取10%～20%用于改造劳动条件"，这部分是国家要求企业用于安全上的投入，但目前，有一部分企业的安全投入并未在这一投入额的范围之内。例如，在煤矿企业中，安全欠账的情况也不容乐观，很多小煤矿在简陋的条件下，使用着最基本的初级工具，在毫无安全保障的情况下生产，造成事故频发。在这种情况下，安全投入少，也谈不上安全产出。

6.3.6　安全经济管理与决策

6.3.6.1　安全生产资源保障对策

为有效减少事故发生，提高安全经济运行环境，提高安全活动效率，我国安全生产资源保障对策如下。

（1）加大国家和企业对安全生产的投入。

（2）明确规范企业安全生产的投入结构比例。

（3）明确安全生产专项经费投入项目，实行安全专项经费稽查制度。

（4）建立国家安全生产隐患整改基金。

（5）实行积极的国家财政、金融、税收扶持政策。

（6）推行安全生产国家投入的公益化政策。

（7）改善安全技术措施费筹集渠道。

6.3.6.2　安全生产费用的合理管理

（1）经费合理使用　安全费用是安全技术措施得以正常开展和实施的前提保证。它的根本意义，不是简单的货币形式，而是保护劳动者在生产过程中安全健康的措施在经济方面的表现。它符合广大员工的切身利益，与员工的身体健康、生命安全密切相关。

安全经费应是单列专用款项，企业在编制产生的任务计划时，应将安全技术措施列入生产财务计划之内，同时进行编制。安全措施资金专款专用，受到《经济法》和有关安全法规的保护，任何组织或个人不得挪作他用。

安全经费由安全部门掌握，其使用控制范围包括：改善劳动条件，防止工伤事故，预防职业病和职业中毒为主要目的的一切技术、管理、教育等方面。

（2）合理的项目管理　财政部和国家安监总局在2012年4月出台的《企业安全生产费用提取和使用管理办法（财企〔2012〕16号）》中规定了安全生产费用的提取和使用范围，提取范围包括如下九大行业：煤炭生产、非煤矿山开采、建设工程、危险品、烟花爆竹、交通运输、冶金、机械制造和武器装备研制生产与试验。

6.3.7　安全经济决策方法

6.3.7.1　"利益-成本"分析决策方法

（1）利益值计算　在安全投资决策中利用"利益-成本"分析方法，最基本的工作是把安全措施方案的利益值计算出来，基本思路如下。

① 计算安全方案的效果。

$$安全方案的效果 R = 事故损失期望 U \times 事故概率 P \qquad (6\text{-}17)$$

② 计算安全方案的利益。

$$安全方案的利益 B = R_0 - R_1 \qquad (6\text{-}18)$$

③ 计算安全的效益。

$$安全的效益 E = B/C \qquad (6\text{-}19)$$

式中　C——安全方案的投资。

（2）优选决策步骤　这样，安全方案的优选决策步骤如下。

① 用有关危险分析技术，如 FTA 技术，计算系统原始状态下的事故发生概率 P_0。

② 用有关危险分析技术，分别计算出各种安全措施方案实施后的系统事故发生概率 $P_{1(i)}$（$i = 1，2，3，\cdots$）。

③ 在事故损失期望 U 已知（通过调查统计、分析获得）的情况下，计算安全措施前的系统事故发生后果（状况）。

$$R_0 = U/P_0 \qquad (6\text{-}20)$$

④ 计算出各种安全措施方案实施后的系统事故效果。

$$R_1(i) = U/P_1(i) \qquad (6\text{-}21)$$

⑤ 计算系统各种安全措施实施后的安全利益。

$$B(i) = R_0 - R_1(i) \qquad (6\text{-}22)$$

⑥ 计算系统各种安全措施实施后的安全效益。

$$E(i) = B(i)/C(I) \qquad (6\text{-}23)$$

⑦ 根据（E_i）值进行方案优选。

$$最优方案 \rightarrow Max(E_i) \qquad (6\text{-}24)$$

6.3.7.2　安全投资的风险决策

风险决策也称概率决策。这是一种在估计出措施利益的基础上，考虑到利益实现的可能性大小，进行利益期望值的预测，一次预测值作为决策的依据。具体步骤如下。

（1）计算出各方案的各种利益 B_{ij}（第 j 种方案的第 i 种利益）。

（2）计算出各利益实现的概率（可能性大小）P_i。

（3）计算各方案的利益（共有 m 种利益）期望 $E(Bi)$。

$$E(B)_i = \frac{1}{m} \sum_{i=1}^{m} P_i B_{ij} \qquad (6\text{-}25)$$

（4）进行方案优选。

$$最优方案 \rightarrow Max\big[E(B)_i\big] \qquad (6\text{-}26)$$

6.3.7.3　安全投资的综合评分决策法

这种方法是基于加权评分的理论，根据影响评价和决策的因素重要性，以及反映其综合评价指标的模型，设计出对各参数的定分规则，然后依照给定的评价模型和程序，对实际问题进行评分，最后给出决策结论。

具体的评价模型应计算"投资合理度"，计算公式如下：

$$投资合理度 = \frac{事故后果严重性 R \times 危险性作业程度 E \times 事故发生可能性 P}{经费指标 C \times 事故纠正程度 D} \qquad (6\text{-}27)$$

可看出，上式分子是危险性评价的三个因素，反映了系统的综合危险性；而分母是投资强度和效果的综合反映。此公式实际是"效果-投资"比的内涵。

6.3.7.4　安全投资的模糊决策方法

模糊的客观性在安全投资关系中是普遍存在的，即影响投资的因素往往在投资对象的应用期内是变化或动态的。只有考虑了这种变化做出的决策才是较为准确和合理的。如果投资与影响因素的关系是线性的，这种问题就成了模糊线性规划问题。在实际工作中这种线性问题是较为普遍的。

即假设所考虑的问题的目标和约束都是线性函数，建立线性规划数学模型。

6.3.8　安全经济风险与保险

6.3.8.1　安全风险

（1）风险的定义及概念　提到"风险"一词，都能理解，但要科学、严密地给其下一定义，却并非易事。通常"风险"的概念与"冒险"或"危险"的概念联系在一起。或通俗地讲，风险就是发生不幸事件的概率，即是一个事件产生所不期望的后果的可能性。风险分析就是去研究它发生的可能性和它所产生的后果。

（2）风险度　从风险的定义可看出，风险的物理意义是单位时间内损失或失败的均值。也就是说，人们以损失均值作为风险的估计值。但是，有的情况下，为了比较各种方案，为了综合地描述风险，常需要对整个区域（风险分布）的风险用一个数值来反映，这就引进了风险度的概念。

风险度越大，就表示对将来的损失越没有把握，或未来危险和危害存在和产生的可能性越大，风险也就越大。显然，风险度是决策时的一个重要考虑因素。

上面对风险及风险度论述的主要思想在于事故具有风险的特点，一方面是它的客观性和不可避免性，另一方面是人类尽其所能使之减少到最低和可接受的水平。

（3）事故风险分析的内容及目的　风险分析的主要内容有以下几点。

① 风险辨识研究和分析哪里（什么技术、什么作业、什么位置）有风险？后果（形式、种类）如何？有哪些参数特征？

② 风险估计风险率多大？风险的概率大小分布怎样？后果程度大小？

③ 风险评价风险的边际值应是多少？风险-效益-成本分析结果怎样？如何处理和对待风险？

在风险分析的基础上，就可做出风险决策。当然，对于人类的风险研究，其目的有两类：一是主动地创造风险环境和状态，如现代工业社会就有风险产业、风险投资、风险基金之类活动；二是对客观存在的风险做出正确的判断，以求控制、减弱，乃至消除其影响和作用。通常所研究的事故风险属于后一种。

6.3.8.2　安全保险

（1）安全保险基础　保险是最为典型的一种风险管理制度，保险能够起到管理风险和分散风险的作用，从而达到提高人类社会抗御自然灾害和意外事故的能力。在社会生产和生活中，由于自然灾害和意外事故等的客观存在，各种风险及不安全因素的客观存在，促使保险产生和发展。

就企业而言，一旦发生灾害事故，就会造成经济损失或者造成员工的人身伤亡，因此企业应该在重视安全工作的同时，通过各种保险取得经济上的保障。保险具有保障企业正常生产和经营、增进企业员工福利、促进企业加强安全管理工作等意义。

保险具有分摊损失和损失补偿两大基本职能，保险的两个基本职能是相辅相成的，分摊损失是达到补偿损失的一种手段，而补偿损失是保险的最终目的。没有损失分摊就没法进行损失补偿，两者相互依存，体现保险机制运行手段与目的的统一。随着保险制度的发展和完善，保险的职能也有了新的扩展，在基本职能基础上产生出资金融通、社会管理等派生职能。

在安全科学技术领域，更多的是研究和探索和安全科学息息相关的工伤保险和雇主责任险两种保险类型。在人们从事安全活动时，雇主责任险和工伤保险是劳动者生命健康与安全的基本保障。

（2）安全社会保险　安全社会保险可分为工伤保险和安全生产责任保险。

① 工伤保险。工伤保险是指劳动者在工作中或在规定的特殊情况下，遭受意外伤害或患职业病导致暂时或永久丧失劳动能力以及死亡时，劳动者或其遗属从国家和社会获得物质帮助的一种社会保险制度。工伤保险是一种社会保险，是国家强制实行的，用人单位必须参加。

实行工伤保险保障了工伤员工医疗以及其基本生活、伤残抚恤和遗属抚恤，在一定程度上解除了员工和家属的后顾之忧，工伤补偿体现出国家和社会对员工的尊重，有利于提高他们的工作积极性。

工伤保险是安全生产长效机制的基础保障。工伤保险与生产单位改善劳动条件、防病防伤、安全教育、医疗康复、社会服务等工作紧密相连，对提高生产经营单位和员工的安全生产、防止或减少工伤和职业病、保护员工的身体健康至关重要。

工伤保险保障了受伤害员工的合法权益，有利于妥善处理事故和恢复生产，维护正常的生产、生活秩序，维护社会安定。

② 安全生产责任保险。安全生产责任保险是在综合分析研究工伤社会保险、各种商业保险利弊的基础上，借鉴国际上一些国家通行的做法和经验，提出来的一种带有一定公益性质、采取政府推动、立法强制实施、由商业保险机构专业化运营的新的保险险种和制度。它的特点是强调各方主动参与事故预防，积极发挥保险机构的社会责任和社会管理功能，运用行业的差别费率和企业的浮动费率以及预防费用机制，实现安全与保险的良性互动。目前，国家正在积极推进安全生产责任保险。在危险性较大的生产经营单位及民用爆破器材生产单位成立了试点，将保险的风险管理职能引入安全生产监管体系，实现风险专业化管理与安全监管监察工作的有机结合，通过强化事前风险防范，最终减少事故发生，促进安全生产，提高安全生产突发事件的应对处置能力。

（3）安全商业保险　安全商业保险可以在促进安全生产方面发挥其独特的作用。保险业与安全生产有着密切的内在联系，两者在最终目的上具有高度的一致性，都是为了更好地保护人民群众的生命财产安全和合法权益，促进经济社会和人的全面协调发展，客观上具有紧密结合、良性互动的内在需要和动因。把安全生产工作与保险业结合起来，积极发展工伤事故社会保险和商业保险，既可以促进安全生产工作，又可以拓展保险业的领域，充分发挥保险业保障人民群众利益、促进经济发展的社会功能。这既是加强安全生产工作的客观需要，也是保险业改革发展的必然趋势。

保险业与安全生产工作相结合，保险机构主动介入工伤预防，是国外的一条成功经验。在欧美等先进工业化国家，工伤保险已成为安全生产工作的三大支柱（即安全立法、安全监察和工伤保险）之一。由于保险机构面向企业所做的工作是以防范事故、服务企业为出发点和落脚点，因此更容易被企业所接受。而其独特的经济手段和激励约束机制，又是一般的政府监管、监察行政执法工作所无法替代的。在西方工业化国家从事故高发到基本稳定再到最终实现根本好转的安全生产发展过程中，保险业发挥了重要的作用。

在安全商业保险中，雇主责任保险是典型的商业保险。雇主责任保险是以被保险人即雇主的雇员在受雇期间从事业务时因遭受意外导致伤、残、死亡或患有与职业有关的职业性疾病而依法或根据雇佣合同应由被保险人承担的经济赔偿责任为承保风险的一种责任保险。

参 考 文 献

［1］ 金龙哲，杨继星．安全学原理［M］．北京：冶金工业出版社，2010．

［2］ 金龙哲，宋存义．安全科学技术［M］．北京：化学工业出版社，2004．

［3］ 何学秋，等．安全工程学［M］．徐州：中国矿业大学出版社，2000．

［4］ 罗云．安全科学导论［M］．北京：中国质检出版社，2013．

［5］ 张顺堂，高德华．职业健康与安全工程［M］．北京：冶金工业出版社，2013．

［6］ 苗金明，等．职业健康安全管理体系的理论与实践［M］．北京：化学工业出版社，2005．

［7］ 罗云．风险分析与安全评价［M］．第2版．北京：化学工业出版社，2010．

［8］ 吴超．安全统计学［M］．北京：机械工业出版社，2014．

［9］ 徐志胜，姜学鹏．安全系统工程［M］．第2版．北京：机械工业出版社，2012．

［10］ 刘诗飞，姜薇．重大危险源辨识与控制［M］．北京：冶金工业出版社，2012．

［11］ 汪元辉．安全系统工程［M］．天津：天津大学出版社，1999．

［12］ 邵辉．系统安全工程［M］．北京：石油工业出版社，2008．

［13］ 周波．安全评价技术［M］．北京：国防工业出版社，2012．

［14］ 曹庆贵．安全系统工程［M］．北京：煤炭工业出版社，2010．

［15］ 谢振华．安全系统工程［M］．北京：冶金工业出版社，2010．

［16］ 景国勋，施式亮．系统安全评价与预测［M］．第2版．徐州：中国矿业大学出版社，2016．

［17］ 刘双跃．安全评价［M］．北京：冶金工业出版社，2010．

［18］ 王起全．安全评价［M］．北京：化学工业出版社，2015．

［19］ 王凯全．安全工程概论［M］．北京：中国劳动社会保障出版社，2010．

［20］ 王保国．安全人机工程学［M］．北京：机械工业出版社，2016．

［21］ 赵江平．安全人机工程学［M］．西安：西安电子科技大学出版社，2014．

［22］ 张力，廖可兵．安全人机工程学［M］．北京：中国劳动社会保障出版社，2007．

［23］ 撒占友，程卫民．安全人机工程［M］．徐州：中国矿业大学出版社，2012．

［24］ 邵辉，赵庆贤，葛秀坤，等．安全心理与行为管理［M］．北京：化学工业出版社，2011．

［25］ 邵辉，王凯全．安全心理学［M］．北京：化学工业出版社，2004．

［26］ 苗德俊，常欣．安全心理学［M］．徐州：中国矿业大学出版社，2013．

［27］ 栗继祖．安全心理学［M］．北京：中国劳动社会保障出版社，2007．

［28］ 罗云．安全经济学［M］．北京：中国质检出版社，2013．

［29］ 罗云，田水承．安全经济学［M］．北京：中国劳动社会保障出版社，2007．